Limpiezas especiales

avanza editorial

Editado por:
EDITORIAL FAE, S.L.U.
Correo electrónico: editorial@editorialfae.com

Limpiezas especiales
Beatriz Coronado García

1ª Edición

ISBN: 978-84-1135-379-3

Impreso en España

Índice

U. A. 1. Servicios especiales en el sector de la limpieza

U. A. 2. Limpieza de falsos techos

U. A. 3. Limpieza por ultrasonidos

U. A. 4. Limpieza de toldos

U. A. 5. Limpieza de paredes

U. A. 6. Limpieza de superficies metálicas

U. A. 7. Limpieza de aparatos informáticos

U. A. 8. Limpieza de pantallas de cine

U. A. 1. Servicios especiales en el sector de la limpieza

Introducción

El sector de la limpieza ha evolucionado en los últimos años hacia una creciente especialización de servicios, adaptándose a nuevas necesidades en entornos profesionales, industriales y comunitarios. Dentro de este marco surgen las denominadas limpiezas especiales, que abarcan tareas específicas que no pueden resolverse con los procedimientos convencionales y que requieren conocimientos técnicos, maquinaria especializada, productos concretos y, sobre todo, un estricto cumplimiento de las normas de seguridad e higiene.

Los servicios especiales de limpieza se aplican en superficies, instalaciones y equipos que por su naturaleza, uso o material requieren de técnicas concretas: falsos techos, toldos, paredes, superficies metálicas, aparatos ofimáticos y pantallas de cine, entre otros. Conocer sus características, los procedimientos adecuados y los equipos más idóneos es fundamental para garantizar resultados eficaces y seguros, a la vez que se preserva la durabilidad de los materiales tratados.

Objetivos

- Comprender qué se entiende por limpiezas especiales y en qué se diferencian de las limpiezas convencionales.
- Reconocer la importancia estratégica de los servicios especiales de limpieza dentro del sector profesional.
- Identificar los ámbitos de aplicación de las limpiezas especiales (falsos techos, toldos, paredes, superficies metálicas, equipos ofimáticos, pantallas de cine, etc.).
- Relacionar los servicios especiales con la necesidad de aplicar técnicas, productos y maquinaria específica.
- Valorar la seguridad, higiene y prevención de riesgos laborales como principios fundamentales en la ejecución de limpiezas especiales.

1. Servicios especiales en el sector de la limpieza

Dentro del sector de la limpieza se pueden distinguir dos grandes ámbitos de actuación: las **limpiezas convencionales**, que abarcan tareas rutinarias y generales (como la limpieza de suelos, mobiliario o cristales), y las **limpiezas especiales**, que requieren técnicas, productos y maquinaria adaptada a superficies o materiales específicos.

Fig. 1. Las limpiezas especiales se caracterizan por abordar espacios y elementos que presentan mayor complejidad técnica o que exigen un cuidado particular debido a sus características físicas, funcionales o de seguridad

Entre las principales características de las limpiezas especiales se encuentran:

- Se aplican en materiales delicados o de difícil acceso.
- Precisan el uso de maquinaria especializada (equipos de ultrasonido, hidrolimpiadoras, aspiradores industriales, etc.).
- Requieren de productos específicos para evitar daños, corrosión o alteraciones.
- Suelen estar asociadas a un mantenimiento preventivo, prolongando la vida útil de instalaciones y equipos.
- Exigen un cumplimiento estricto de medidas de seguridad para proteger tanto al personal como al entorno.

Ejemplo

Un ejemplo muy ilustrativo es la limpieza de falsos techos en oficinas o centros sanitarios: su ubicación elevada y la acumulación de polvo y microorganismos en estas superficies hacen necesaria la utilización de pértigas telescópicas, aspiradores con filtros HEPA y productos desinfectantes adecuados.

En la siguiente tabla se recogen algunas de las diferencias más relevantes entre la limpieza convencional y la limpieza especial:

Aspecto	Limpieza convencional	Limpieza especial
Frecuencia	Diaria o periódica	Esporádica, en función del uso y necesidades
Superficies tratadas	Suelos, mesas, ventanas	Falsos techos, toldos, superficies metálicas, pantallas
Equipamiento	Escobas, fregonas, paños	Equipos de ultrasonido, hidrolimpiadoras, aspiradores industriales
Productos utilizados	Detergentes y desinfectantes comunes	Limpiadores específicos para materiales delicados
Nivel de especialización	Bajo a medio	Alto, requiere formación técnica
Finalidad principal	Higiene general	Conservación, mantenimiento técnico y seguridad

La creciente demanda de estos servicios responde a la necesidad de mantener entornos funcionales, higiénicos y seguros en sectores tan variados como oficinas, industrias, comercios, centros educativos o espacios culturales.

Ejemplo

Un ejemplo de aplicación en el ámbito cultural es la limpieza de pantallas de cine, donde el objetivo no es solo mantener la higiene, sino preservar la calidad de la proyección, evitando manchas o acumulación de polvo que puedan distorsionar la imagen.

Además de su carácter técnico, las limpiezas especiales también se distinguen por su **impacto en la salud y en la imagen del espacio**. No solo eliminan suciedad visible, sino que también previenen la acumulación de contaminantes, alérgenos o agentes biológicos que podrían comprometer la salubridad del entorno.

Fig. 2. En hospitales, la correcta limpieza de falsos techos y superficies metálicas resulta esencial para evitar la proliferación de microorganismos

Anotación

En muchos casos, estos servicios forman parte de un plan integral de mantenimiento, coordinado con otros trabajos como la climatización, la seguridad o la conservación de equipos. Esto significa que el personal encargado debe conocer no solo las técnicas de limpieza, sino también el modo de integrarse en equipos multidisciplinares, respetando protocolos establecidos por ingenieros, técnicos de mantenimiento o responsables de seguridad.

Para visualizar la diversidad de ámbitos donde se aplican estas limpiezas, resulta útil enumerar algunos escenarios típicos:

1. **Entornos empresariales y de oficina**: limpieza de equipos informáticos y superficies metálicas para garantizar funcionalidad y estética.
2. **Espacios comerciales**: mantenimiento de toldos y paredes para preservar la imagen de la marca frente a los clientes.
3. **Instalaciones industriales**: tratamiento especializado de techos y estructuras metálicas expuestas a polvo, grasas o sustancias químicas.
4. **Centros sanitarios y educativos**: eliminación de polvo acumulado en zonas altas y de difícil acceso, con productos desinfectantes específicos.
5. **Espacios culturales**: limpieza de pantallas de cine o superficies de exhibición, que requieren técnicas delicadas para evitar alteraciones.

En algunos contextos, las limpiezas especiales pueden incluso convertirse en un factor de ahorro económico.

Fig. 3. La correcta conservación de un toldo mediante limpieza periódica con productos adecuados puede alargar su vida útil varios años, evitando el gasto de sustitución

De forma similar, el uso de ultrasonidos para limpiar piezas pequeñas de maquinaria previene fallos y reparaciones costosas.

Por tanto, se trata de un ámbito que combina higiene, prevención, conservación y eficiencia económica, situándose como un elemento estratégico dentro del sector servicios.

Resumen

Las limpiezas especiales se diferencian de las convencionales por su carácter técnico y la necesidad de aplicar procedimientos adaptados a materiales o superficies específicas. Mientras que la limpieza convencional se centra en tareas rutinarias como suelos, ventanas o mobiliario, las limpiezas especiales se ocupan de elementos más delicados, de difícil acceso o que requieren maquinaria y productos especializados.

Este tipo de servicios resultan fundamentales para garantizar no solo la higiene, sino también la conservación y mantenimiento preventivo de instalaciones y equipos. De esta forma, contribuyen a prolongar la vida útil de toldos, falsos techos, superficies metálicas o equipos informáticos, evitando averías y reparaciones costosas.

Otro aspecto clave es que las limpiezas especiales tienen un impacto directo en la seguridad y la salud. En entornos como hospitales, oficinas o espacios culturales, la eliminación de polvo, microorganismos o contaminantes es indispensable para mantener condiciones salubres y adecuadas al uso del espacio.

El trabajo requiere, además, un alto nivel de especialización del personal, ya que es necesario conocer tanto la maquinaria como los productos apropiados para cada superficie, aplicando siempre las medidas de prevención de riesgos laborales. La coordinación con otros equipos de mantenimiento es habitual, lo que añade un componente de trabajo multidisciplinar.

Por último, estos servicios poseen también una dimensión económica y de imagen. Una limpieza adecuada prolonga la vida de los materiales y reduce costes de sustitución, al tiempo que mejora la apariencia del entorno frente a clientes, usuarios o visitantes. Por ello, las limpiezas especiales constituyen un recurso estratégico dentro del sector profesional de la limpieza.

Glosario

Equipo de ultrasonidos

Dispositivo que emplea ondas sonoras de alta frecuencia para eliminar suciedad en piezas pequeñas, delicadas o de difícil acceso, muy usado en limpieza técnica.

Filtro HEPA

Filtro de alta eficiencia capaz de retener partículas microscópicas de polvo, polen, ácaros y contaminantes, empleado en aspiradores industriales y entornos sanitarios.

Limpieza convencional

Actividades de limpieza rutinarias y periódicas dirigidas a suelos, mobiliario y superficies comunes, realizadas con utensilios y productos básicos.

Limpiezas especiales

Conjunto de servicios de limpieza aplicados a superficies, materiales o equipos que requieren técnicas, productos y maquinaria específicos por su delicadeza o complejidad.

Mantenimiento preventivo

Conjunto de acciones programadas que buscan conservar instalaciones y equipos en buen estado, evitando averías o deterioros mediante cuidados periódicos.

Microorganismos

Seres vivos de tamaño microscópico, como bacterias, virus u hongos, cuya proliferación puede afectar la salud y que se eliminan mediante técnicas y productos de limpieza adecuados.

Pantallas de cine

Superficies de proyección que necesitan una limpieza cuidadosa para no alterar la calidad de la imagen ni generar daños en el material reflectante.

Superficies metálicas

Elementos estructurales o decorativos fabricados en metales que requieren productos específicos para evitar corrosión, manchas u oxidación durante la limpieza.

Ejercicios de autoevaluación

1. **¿Qué diferencia principal existe entre la limpieza convencional y la especial?**

   a. La convencional siempre requiere maquinaria compleja.

   b. La especial se aplica únicamente en viviendas.

   c. La especial necesita técnicas y productos adaptados a superficies específicas.

   d. La convencional se realiza solo en oficinas.

2. **¿Cuál de los siguientes elementos es propio de las limpiezas especiales?**

   a. Escobas y paños comunes.

   b. Equipos de ultrasonido.

   c. Fregonas de algodón.

   d. Cubos de agua.

3. **¿Qué finalidad, además de la higiene, cumplen las limpiezas especiales?**

   a. Reducir la frecuencia del trabajo del personal.

   b. Evitar la limpieza convencional.

   c. Conservar y prolongar la vida útil de instalaciones y equipos.

   d. Ahorrar productos de limpieza.

4. **¿Qué tipo de filtro se emplea en aspiradores industriales para retener partículas microscópicas?**

   a. Filtro de carbón.

   b. Filtro de agua.

   c. Filtro HEPA.

   d. Filtro de papel.

5. Un ejemplo de limpieza especial en entornos culturales es:

    a. La limpieza de suelos de moqueta.

    b. La limpieza de pantallas de cine.

    c. La limpieza de escaparates comerciales.

    d. La limpieza de baños públicos.

6. ¿Cuál de los siguientes escenarios requiere limpiezas especiales?

    a. Mantenimiento de toldos en comercios.

    b. Limpieza de cristales de una ventana baja.

    c. Barrido de pasillos en un colegio.

    d. Lavado de sillas de plástico.

7. ¿Qué aspecto caracteriza a los servicios especiales de limpieza?

    a. Uso de detergentes comunes.

    b. Frecuencia diaria y rutinaria.

    c. Necesidad de personal con formación técnica.

    d. Exclusividad en domicilios particulares.

8. En hospitales, la limpieza de falsos techos es importante porque:

    a. Permite mejorar la acústica del espacio.

    b. Previene la proliferación de microorganismos.

    c. Evita el deterioro de la pintura decorativa.

    d. Reduce el consumo eléctrico.

9. ¿Qué impacto económico tienen las limpiezas especiales?

    a. Aumentan siempre los costes de mantenimiento.

    b. Carecen de influencia económica.

    c. Solo generan gasto adicional por maquinaria.

    d. Previenen gastos alargando la vida útil de materiales y equipos.

10.¿Qué elemento de oficina se incluye en las limpiezas especiales?

a. Equipos informáticos.

b. Alfombras.

c. Persianas.

d. Papeleras.

U. A. 2. Limpieza de falsos techos

Introducción

La limpieza de falsos techos constituye una de las tareas más específicas dentro del ámbito de las limpiezas especiales. Estos elementos arquitectónicos cumplen funciones estéticas, acústicas y de aislamiento, pero al mismo tiempo acumulan polvo, grasa, microorganismos y otras partículas que afectan tanto a la higiene como al mantenimiento de instalaciones.

La intervención en falsos techos exige un conocimiento detallado de los diferentes materiales que los componen, así como de los métodos, utensilios y productos más adecuados para tratarlos, garantizando la seguridad, la durabilidad y la calidad del servicio. Además, resulta esencial aplicar procedimientos que respeten las condiciones de prevención de riesgos laborales, teniendo en cuenta la altura de trabajo y la manipulación de equipos especializados.

En este apartado se abordarán las ventajas de una correcta limpieza de falsos techos, la clasificación de los distintos tipos de techos desmontables o continuos, y los métodos más eficaces para su limpieza y mantenimiento, junto con la maquinaria y productos específicos empleados en este tipo de superficies.

Objetivos

- Identificar las ventajas que aporta la limpieza adecuada de falsos techos en distintos entornos.
- Reconocer los diferentes tipos de falsos techos y sus características principales.
- Seleccionar los métodos de limpieza más apropiados según el material y el grado de suciedad.
- Utilizar correctamente la maquinaria, utensilios y productos específicos para la limpieza de falsos techos.
- Aplicar medidas de seguridad y prevención de riesgos en la realización de este tipo de trabajos.

1. Ventajas en la limpieza de falsos techos

La limpieza de los falsos techos no responde únicamente a criterios estéticos. Estos elementos, al encontrarse en una posición elevada y poco accesible, se convierten en zonas de acumulación de polvo, grasas y partículas en suspensión que afectan de forma directa a la calidad ambiental de los espacios.

Fig. 1. Un mantenimiento adecuado ofrece múltiples beneficios que pueden agruparse en aspectos higiénicos, técnicos, de seguridad y de imagen corporativa

En primer lugar, desde el punto de vista de la higiene, los falsos techos suelen estar en contacto con instalaciones de climatización, cableado eléctrico o conductos de ventilación. Si no se limpian de manera periódica, pueden convertirse en un foco de proliferación de bacterias, hongos y alérgenos que repercuten en la salud de los ocupantes.

En segundo lugar, el factor técnico es también relevante. El polvo acumulado puede deteriorar el material del techo —sobre todo en placas de fibra, escayola o cartón yeso— reduciendo su durabilidad. Asimismo, la suciedad puede obstruir rejillas de ventilación o dificultar la inspección y mantenimiento de instalaciones ocultas.

En tercer lugar, se encuentran los beneficios relacionados con la seguridad. Los falsos techos, al acumular partículas finas e incluso grasa en espacios próximos a cocinas, pueden llegar a convertirse en superficies con riesgo de incendio. Una limpieza periódica disminuye estas posibilidades y mejora las condiciones de seguridad laboral y del entorno.

Finalmente, existe un factor de imagen y percepción. En oficinas, comercios o espacios de uso público, un falso techo manchado transmite una impresión negativa, afectando a la experiencia de clientes y usuarios. Por tanto, su limpieza es también un elemento de reputación y confianza.

Para comprender mejor el alcance de estas ventajas, se pueden establecer distintas categorías que detallan la repercusión de este tipo de trabajos:

Categoría de ventaja	Descripción técnica	Ejemplo práctico
Higiénica	Prevención de acumulación de polvo, bacterias y hongos que afectan a la calidad del aire.	En un hospital, la falta de limpieza en falsos techos puede favorecer la proliferación de mohos perjudiciales para pacientes inmunodeprimidos.
Técnica	Conservación de materiales y mayor facilidad en la inspección de instalaciones ocultas.	En un edificio de oficinas, un techo de fibra mantenido limpio evita su desgaste prematuro y facilita el acceso a canalizaciones eléctricas.
Seguridad	Disminución del riesgo de incendio o desprendimiento por acumulación de partículas inflamables.	En una cocina industrial, la grasa acumulada en el falso techo puede arder si no se realiza un mantenimiento periódico.
Imagen y percepción	Mejora de la estética del espacio y de la experiencia del usuario.	En una sala de cine, la limpieza de techos contribuye a generar un ambiente más cuidado y profesional.

Anotación

Además de estas categorías, es importante subrayar que la limpieza de falsos techos favorece la eficiencia energética. Una superficie limpia refleja mejor la luz artificial, reduciendo el consumo eléctrico y aumentando la luminosidad ambiental.

2. Clasificación de falsos techos

Los falsos techos se pueden clasificar en función de su estructura, materiales y sistema de montaje, lo que determina no solo su aspecto estético, sino también los métodos de limpieza más apropiados. Esta clasificación es esencial porque un tratamiento inadecuado puede provocar daños irreversibles en las superficies, comprometer la seguridad de las instalaciones o acortar la vida útil de los materiales. Una primera distinción fundamental es entre falsos techos continuos y falsos techos registrables:

1. **Falsos techos continuos:**
   o Están formados por superficies continuas que no permiten un acceso directo a la cámara superior.
   o Se construyen habitualmente con placas de escayola, cartón yeso o materiales proyectados.
   o Suelen encontrarse en viviendas o locales que buscan un acabado homogéneo y estético.

Fig. 2. La limpieza requiere mayor cuidado porque no es posible desmontar piezas para trabajar

2. **Falsos techos registrables o modulares:**
   o Están formados por placas modulares apoyadas en perfiles metálicos que permiten retirar las piezas para acceder al plenum o cámara interior.
   o Son frecuentes en oficinas, hospitales y centros comerciales, donde se requiere un acceso sencillo a instalaciones eléctricas, de climatización o cableado.

Fig. 3. La limpieza es más versátil, ya que se pueden extraer placas dañadas o muy sucias y proceder a su sustitución

Más allá de esta división básica, la clasificación también depende de los materiales empleados:

- **Escayola y yeso laminado**: ofrecen un acabado estético, pero son materiales porosos y delicados frente a la humedad y productos químicos agresivos.
- **Fibra mineral**: se utilizan en placas modulares; proporcionan aislamiento acústico y térmico, aunque requieren limpieza en seco o con productos de baja humedad para evitar deformaciones.
- **Metálicos (aluminio, acero)**: muy resistentes y fáciles de limpiar, adecuados para entornos industriales o cocinas profesionales.
- **De madera o derivados**: aportan calidez estética, pero son muy sensibles a la humedad y a los productos químicos, por lo que suelen limpiarse con aspiración o paños ligeramente humedecidos.
- **Plásticos y vinílicos**: resistentes a la humedad, fáciles de mantener y empleados en entornos con altas exigencias higiénicas como hospitales.

Para dar mayor claridad a esta clasificación, se puede relacionar el tipo de falso techo con su función principal y el tratamiento de limpieza recomendado:

Tipo de falso techo	Material más frecuente	Función destacada	Consideraciones de limpieza
Continuo	Escayola, yeso laminado	Acabado estético uniforme	No permite acceso a instalaciones; evitar exceso de humedad en la limpieza.
Registrable	Placas de fibra, metálicas o vinílicas	Acceso a instalaciones ocultas	Permite desmontaje; se recomienda aspiración o limpieza pieza por pieza.
Fibra mineral	Placas modulares	Aislamiento acústico	Sensibles al agua; solo aspirado o productos secos.
Metálico	Aluminio o acero lacado	Durabilidad y resistencia	Fácil limpieza con productos neutros; recomendable en zonas con grasa.
Vinílico o plástico	PVC y derivados	Higiene y resistencia a la humedad	Se limpian con agua y detergentes suaves; adecuados en entornos sanitarios.

Ejemplo

En una oficina con falso techo registrable de placas de fibra mineral, la limpieza debe realizarse con aspiradores industriales de baja potencia y productos en seco para evitar deformaciones. En cambio, en una cocina industrial con falsos techos metálicos, se pueden emplear detergentes neutros y desengrasantes suaves, ya que el material es resistente y requiere mantener condiciones higiénicas muy estrictas.

3. Métodos de limpieza de falsos techos

Los métodos de limpieza aplicables a los falsos techos dependen del tipo de material, del nivel de suciedad acumulada y del entorno en el que se encuentren instalados.

Fig. 4. No existe un procedimiento único, sino que se selecciona la técnica más adecuada en función de las características del espacio y los requisitos de mantenimiento

En términos generales, los procedimientos pueden dividirse en limpieza en seco, limpieza húmeda, limpieza química especializada y técnicas combinadas.

1. **Limpieza en seco:**
   o Se utiliza principalmente para falsos techos de materiales porosos o sensibles a la humedad, como la fibra mineral o la escayola.
   o Consiste en el empleo de **aspiradores industriales con filtros HEPA** para retener partículas de polvo fino, o paños de microfibra que atrapan la suciedad superficial.
   o Es el método más seguro para evitar deformaciones o desprendimientos de material.

En una biblioteca con falsos techos de escayola, se recomienda pasar un aspirador con boquilla de cepillo para eliminar polvo sin aplicar líquidos.

2. **Limpieza húmeda controlada:**
   o Se aplica en techos metálicos, vinílicos o plásticos, que presentan mayor resistencia al agua.
   o El procedimiento consiste en utilizar paños ligeramente humedecidos con soluciones jabonosas neutras, evitando el exceso de agua para no dañar perfiles metálicos ni instalaciones ocultas.

En un hospital con techos de PVC, se emplean mopas de microfibra humedecidas con desinfectante suave para garantizar condiciones higiénicas.

3. **Limpieza con productos químicos especializados:**
   - o Indicada en casos donde se acumula grasa o manchas persistentes, como ocurre en cocinas industriales.
   - o Se utilizan **desengrasantes neutros o espumas de limpieza** que se aplican de forma localizada y se retiran con paños húmedos.
   - o Es importante comprobar la compatibilidad del producto con el material del techo para evitar corrosión o pérdida de color.

En un comedor escolar, los techos metálicos cercanos a las salidas de aire requieren desengrasantes suaves para eliminar restos de grasa.

4. **Técnicas combinadas o específicas:**
   - o Se emplean cuando los techos presentan varios tipos de materiales o suciedades de distinta naturaleza.
   - o Puede combinarse aspiración con posterior limpieza localizada con soluciones líquidas.
   - o En techos registrables, también es habitual desmontar placas muy dañadas para su sustitución, lo cual forma parte de la estrategia de mantenimiento.

En un centro comercial, se alterna la limpieza en seco de placas de fibra con limpieza húmeda de rejillas metálicas adyacentes.

Para comprender la elección del método, es útil relacionar entorno, tipo de material y técnica adecuada:

Entorno habitual	Material predominante	Método recomendado	Consideraciones adicionales
Oficinas	Placas de fibra mineral	Limpieza en seco con aspirador y cepillos suaves	Evitar productos líquidos para prevenir deformaciones.
Hospitales	PVC o vinílico	Limpieza húmeda con desinfectantes neutros	Garantizar la desinfección sin dañar el material.
Cocinas industriales	Techos metálicos	Limpieza química con desengrasantes suaves	Controlar residuos químicos y ventilar bien el espacio.
Viviendas	Escayola o yeso laminado	Limpieza en seco con paños de microfibra	Riesgo de manchas por exceso de humedad.
Centros comerciales	Mixtos (fibra y metal)	Combinación de aspirado y limpieza húmeda localizada	Sustituir placas en mal estado para mantener la uniformidad estética.

 **Anotación**

En todos los casos, debe recordarse que la prevención de riesgos laborales es prioritaria: trabajar en altura con escaleras o andamios estables, usar guantes para proteger la piel del contacto con productos químicos, y gafas de seguridad cuando se aplican pulverizadores o espumas limpiadoras.

4. Maquinaria, utensilios y productos en la limpieza de falsos techos

La elección de la maquinaria, los utensilios y los productos de limpieza resulta determinante para garantizar un resultado eficaz y seguro en el tratamiento de falsos techos.

Fig. 5. Cada material y entorno requiere herramientas específicas que se adapten tanto a las características de la superficie como a las condiciones de acceso

Podemos distinguir tres grandes categorías de recursos: maquinaria de apoyo, utensilios manuales y productos químicos especializados.

1. **Maquinaria de apoyo:**
   - **Aspiradores industriales con filtros HEPA**: imprescindibles en techos porosos como la fibra mineral, ya que permiten retener polvo fino y alérgenos sin liberar partículas al ambiente.
   - **Hidrolimpiadoras de baja presión**: útiles en techos metálicos o vinílicos resistentes al agua, siempre que se controle la presión para no dañar juntas o perfiles.
   - **Plataformas elevadoras o andamios móviles**: necesarias en espacios amplios como centros comerciales o cines, donde los techos se encuentran a gran altura.
   - **Equipos de vapor controlado**: empleados en superficies resistentes para desinfectar y eliminar grasa sin productos químicos agresivos.

2. **Utensilios manuales:**
   - **Paños de microfibra y mopas telescópicas**: permiten atrapar polvo y suciedad con mínima humedad, evitando daños en materiales sensibles.
   - **Cepillos de cerdas suaves**: adecuados para placas de escayola o yeso laminado, ya que eliminan polvo sin deteriorar la superficie.
   - **Espátulas de plástico**: utilizadas en la retirada de manchas localizadas sin rayar superficies vinílicas o metálicas.
   - **Extensores y pértigas**: facilitan el acceso en altura, reduciendo el uso excesivo de escaleras y mejorando la ergonomía del trabajo.

3. **Productos químicos especializados:**
   - **Detergentes neutros**: aplicables en superficies metálicas o plásticas, evitando la corrosión.
   - **Desengrasantes suaves**: recomendados en zonas con acumulación de grasa, como cocinas industriales o comedores colectivos.
   - **Espumas limpiadoras**: utilizadas para tratar manchas localizadas en superficies resistentes, aplicadas en pequeñas dosis.

○ **Desinfectantes de uso ambiental**: necesarios en hospitales o guarderías, siempre compatibles con el material del techo.

Una forma útil de relacionar los distintos elementos es vincular tipo de falso techo, recurso principal y riesgo asociado:

Tipo de falso techo	Recurso principal	Riesgo asociado si se usa mal	Ejemplo de uso correcto
Fibra mineral	Aspirador con filtro HEPA	Deterioro por humedad si se usan líquidos	Aspiración en seco en oficinas para evitar deformación de placas.
Escayola / yeso	Cepillo de cerdas suaves y paño de microfibra	Desprendimiento si se aplica presión excesiva	Retirada de polvo en viviendas sin frotar en exceso.
Metálico	Hidrolimpiadora de baja presión o desengrasante neutro	Corrosión si se usan productos ácidos	Limpieza de techos en cocinas industriales con detergente neutro.
Vinílico / PVC	Paño húmedo con detergente suave	Decoloración por uso de cloro o amoníaco	Desinfección en hospitales con soluciones compatibles.
Mixtos (fibra y metal)	Combinación de aspirado y paños húmedos	Daños por aplicar el mismo método en materiales distintos	En centros comerciales, aspirar placas de fibra y desinfectar rejillas metálicas.

Ejemplo

En un cine con falsos techos metálicos y registrables, se utilizan plataformas elevadoras para acceder a las zonas más altas, aspiradores industriales para retirar polvo en las rejillas de ventilación y detergentes neutros aplicados con mopas telescópicas en las placas metálicas, garantizando tanto la seguridad laboral como la limpieza estética del espacio.

Resumen

La limpieza de falsos techos tiene una gran importancia tanto en la higiene como en el mantenimiento de los espacios interiores. Estos elementos arquitectónicos, al encontrarse en zonas elevadas y poco visibles, acumulan polvo, grasa y microorganismos que pueden afectar a la calidad del aire y a la salud de las personas. Su correcto mantenimiento también previene riesgos de incendio, mejora la estética de los entornos y contribuye a la eficiencia energética al reflejar mejor la luz artificial.

Los falsos techos pueden clasificarse en continuos y registrables. Los primeros, hechos habitualmente de escayola o yeso laminado, ofrecen un acabado homogéneo, pero no permiten acceder a la cámara superior. Los segundos, formados por placas modulares, son más prácticos en espacios que requieren inspección y acceso a instalaciones ocultas, como oficinas u hospitales. Además, la elección del método de limpieza depende del material: los techos de fibra mineral son muy sensibles a la humedad, los metálicos son resistentes y fáciles de desengrasar, los vinílicos permiten una limpieza húmeda y desinfección, mientras que los de madera o derivados necesitan un tratamiento especialmente delicado.

Los métodos de limpieza se agrupan en cuatro categorías principales. La limpieza en seco se aplica en materiales porosos y frágiles, utilizando aspiradores con filtros HEPA o paños de microfibra. La limpieza húmeda controlada se reserva para materiales resistentes como PVC o metal, siempre evitando excesos de agua. En ambientes con acumulación de grasa, como cocinas, se utilizan productos químicos especializados, generalmente desengrasantes suaves y espumas localizadas. Finalmente, existen técnicas combinadas que permiten tratar techos con distintos materiales o condiciones de suciedad, alternando aspiración y limpieza húmeda.

La elección de maquinaria, utensilios y productos es esencial. Los aspiradores industriales con filtros HEPA resultan indispensables en falsos techos porosos, mientras que las hidrolimpiadoras de baja presión o equipos de vapor se emplean en superficies resistentes. Entre los utensilios destacan los cepillos de cerdas suaves, las mopas telescópicas y las pértigas extensibles, que facilitan el acceso en altura. En cuanto a productos, los detergentes neutros, los desengrasantes suaves y los desinfectantes compatibles con cada material permiten obtener resultados eficaces y seguros sin dañar la superficie.

Por último, la limpieza de falsos techos exige siempre considerar la prevención de riesgos laborales. El trabajo en altura requiere el uso de plataformas elevadoras, arneses o escaleras estables, así como guantes y gafas de protección cuando se aplican productos químicos. De esta manera, se garantiza no solo la eficacia en la limpieza, sino también la seguridad de quienes realizan la tarea.

Glosario

Aspirador industrial con filtro HEPA

Equipo de limpieza especializado que retiene partículas finas y alérgenos, utilizado en techos porosos y sensibles a la humedad.

Desengrasante neutro

Producto químico utilizado para eliminar grasas y manchas difíciles sin dañar los materiales.

Espuma limpiadora

Producto en forma de espuma que se aplica de manera localizada para limpiar superficies resistentes y con suciedad incrustada.

Falso techo continuo

Tipo de falso techo fijo y uniforme, generalmente de escayola o yeso laminado, que no permite registrar la cámara superior.

Falso techo registrable o modular

Sistema compuesto por placas modulares desmontables que permiten acceder a la cámara superior para revisar instalaciones.

Falso techo

Estructura instalada bajo el techo original de un edificio, con funciones estéticas, acústicas, de aislamiento o de ocultación de instalaciones.

Fibra mineral

Material ligero y poroso utilizado en placas de techos, con propiedades de aislamiento acústico y térmico, muy sensible a la humedad.

Limpieza en seco

Método de limpieza que no utiliza agua ni productos líquidos, ideal para techos delicados como escayola o fibra mineral.

Limpieza húmeda controlada

Procedimiento en el que se emplean paños o mopas ligeramente humedecidas, adecuado para techos resistentes como metálicos o plásticos.

Plataforma elevadora

Maquinaria de elevación que permite acceder con seguridad a falsos techos situados a gran altura, utilizada en cines, centros comerciales y naves industriales.

PVC (policloruro de vinilo)

Material plástico resistente a la humedad y fácil de limpiar, habitual en techos de hospitales y entornos higiénicos.

Yeso laminado (Pladur®)

Material usado en falsos techos continuos, de superficie lisa, frágil frente a golpes y humedad.

Ejercicios de autoevaluación

1. **¿Cuál es una de las principales ventajas higiénicas de limpiar falsos techos?**

   a. Mejorar la estética visual del espacio.

   b. Evitar la acumulación de bacterias y alérgenos.

   c. Reducir el gasto de pintura en interiores.

   d. Aumentar el grosor del aislamiento acústico.

2. **¿Qué tipo de falso techo permite el acceso a instalaciones ocultas?**

   a. Continuo.

   b. Desmontable fijo.

   c. Registrable o modular.

   d. Proyectado de escayola.

3. **¿Qué riesgo puede presentar un falso techo con acumulación de grasa en una cocina industrial?**

   a. Que se reduzca la acústica del espacio.

   b. Que aumente el riesgo de incendio.

   c. Que se mejore la ventilación del área.

   d. Que la superficie se vuelva más reflectante.

4. **¿Qué material de falso techo es más sensible a la humedad?**

   a. Fibra mineral.

   b. Metálico.

   c. Vinílico.

   d. PVC.

5. ¿Cuál es el método más adecuado para limpiar falsos techos de escayola?

a. Limpieza con agua abundante.

b. Limpieza con vapor a alta presión.

c. Limpieza en seco con paños o cepillos suaves.

d. Aplicación de desengrasantes industriales.

6. ¿Qué producto se debe evitar en techos vinílicos o plásticos para no dañarlos?

a. Detergente neutro.

b. Agua.

c. Desinfectante suave.

d. Cloro o amoníaco.

7. ¿Qué maquinaria se recomienda para retirar polvo en techos de fibra mineral?

a. Hidrolimpiadora de alta presión.

b. Aspirador industrial con filtro HEPA.

c. Equipo de vapor continuo.

d. Paños impregnados en desengrasante.

8. ¿Qué ventaja técnica ofrece mantener limpios los falsos techos?

a. Mejorar la visibilidad de carteles.

b. Facilitar la inspección de instalaciones ocultas.

c. Aumentar la altura de la sala.

d. Reducir la necesidad de aire acondicionado.

9. ¿Qué utensilio manual es más adecuado para eliminar polvo de placas de escayola?

a. Espátula de metal.

b. Cepillo de cerdas suaves.

c. Paño empapado en agua.

d. Esponja abrasiva.

10. ¿Qué método se recomienda en techos metálicos con restos de grasa?

a. Aspiración en seco únicamente.

b. Lavado con abundante agua.

c. Uso de desengrasantes neutros.

d. Limpieza con paños secos.

U. A. 3. Limpieza por ultrasonidos

Introducción

La limpieza por ultrasonidos constituye una de las técnicas más innovadoras y eficaces dentro de los servicios especiales de limpieza. Su aplicación se basa en la generación de ondas de alta frecuencia en un medio líquido, lo que permite eliminar con gran precisión residuos, grasas, polvos y contaminantes en superficies de difícil acceso. Este método se utiliza ampliamente en sectores donde la limpieza convencional no es suficiente, como en piezas delicadas, componentes electrónicos, instrumentos médicos o materiales con geometrías complejas.

Además de garantizar un alto nivel de higiene, esta técnica reduce el tiempo de trabajo, optimiza el uso de productos químicos y prolonga la vida útil de los objetos tratados. Por ello, comprender su funcionamiento, las características de los equipos de ultrasonido y las medidas de seguridad necesarias resulta fundamental para un desempeño profesional eficiente y seguro en el sector de las limpiezas especiales.

Objetivos

- Definir el concepto de limpieza por ultrasonidos y comprender su fundamento técnico.
- Reconocer las ventajas del empleo de los ultrasonidos en comparación con otros métodos tradicionales de limpieza.
- Identificar los principales equipos de ultrasonidos empleados en el sector, así como sus componentes y funcionamiento básico.
- Aplicar correctamente la técnica de limpieza por ultrasonidos, seleccionando los productos, medios y parámetros adecuados según el tipo de material.
- Valorar las medidas de prevención de riesgos laborales vinculadas al uso de esta tecnología, garantizando la seguridad del operario y la conservación de los equipos.

1. Ventajas del empleo de los ultrasonidos

La técnica de limpieza por ultrasonidos se ha convertido en una alternativa de gran valor frente a los métodos tradicionales, especialmente en aquellos casos en los que se requiere un alto nivel de precisión o se trabaja con materiales sensibles. Su principio físico —la generación de ondas ultrasónicas en un medio líquido que producen microburbujas capaces de desprender la suciedad— ofrece una serie de beneficios que justifican su creciente implantación en diversos sectores.

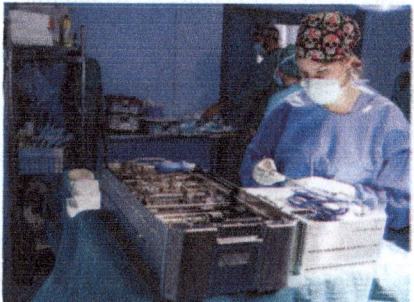

En primer lugar, destaca la capacidad de limpieza profunda. A diferencia de un cepillado o un paño húmedo, las ondas ultrasónicas penetran en rendijas, ranuras, perforaciones y superficies internas a las que sería imposible acceder manualmente.

Fig. 1. Las ondas ultrasónicas resultan decisivas, por ejemplo, en la limpieza de instrumental quirúrgico con cavidades estrechas o en piezas mecánicas con roscas y recovecos

También supone una ventaja significativa la uniformidad en el resultado. Mientras que un operario puede ejercer mayor presión en unas zonas que en otras al limpiar manualmente, los ultrasonidos actúan de forma homogénea sobre toda la superficie sumergida, garantizando un acabado constante y sin irregularidades.

Una tercera ventaja se encuentra en la reducción del esfuerzo humano y del tiempo empleado. Al automatizar el proceso, basta con colocar las piezas en la cubeta del equipo y programar el ciclo. Esto libera tiempo al operario, que puede dedicarse a otras tareas mientras el equipo trabaja.

La minimización del uso de productos químicos agresivos es otro aspecto destacable. Aunque se emplean soluciones específicas, la acción mecánica de las ondas ultrasónicas reduce la necesidad de disolventes potentes o abrasivos. Esto se traduce en mayor seguridad para el trabajador y menor impacto ambiental.

En sectores como la electrónica, la óptica o la relojería, la ventaja más valorada es la protección de materiales delicados. Al no requerir fricción directa ni contacto con cepillos duros, se evitan rayaduras o daños en superficies sensibles como lentes, placas de circuitos impresos o componentes de precisión.

Un último beneficio a señalar es la versatilidad de aplicación. El mismo equipo puede emplearse para limpiar elementos tan diversos como boquillas de impresoras, instrumentos dentales, herramientas de laboratorio, filtros de automoción o piezas metálicas industriales.

Para visualizar cómo estas ventajas se distribuyen según el tipo de sector, se expone una tabla que relaciona cada beneficio con un ámbito de aplicación concreto:

Ventaja principal	Ejemplo de aplicación práctica
Limpieza profunda	Cavidades internas de piezas de motor o instrumentos quirúrgicos.
Uniformidad en el resultado	Placas electrónicas con múltiples microcomponentes.
Reducción de tiempo y esfuerzo	Talleres de reparación que necesitan procesar gran cantidad de piezas en poco tiempo.
Menor uso de químicos agresivos	Laboratorios que requieren entornos seguros y con mínima exposición a vapores nocivos.
Protección de materiales delicados	Lentes ópticas, relojes de precisión, joyas.
Versatilidad de aplicación	Desde filtros de aire hasta boquillas de pulverización industrial.

Este conjunto de ventajas explica por qué la limpieza por ultrasonidos se ha consolidado como una herramienta imprescindible en entornos donde la calidad, la seguridad y la eficiencia son prioritarias.

2. Equipos de ultrasonidos

El corazón de la técnica de limpieza por ultrasonidos es el equipo especializado que genera y transmite las ondas de alta frecuencia al medio líquido. Estos equipos, también llamados cubetas ultrasónicas o baños de ultrasonidos, se componen de varios elementos que trabajan de manera conjunta para conseguir el efecto de cavitación responsable de la eliminación de la suciedad.

El funcionamiento parte de un generador de ultrasonidos, que transforma la energía eléctrica en ondas de alta frecuencia, generalmente entre 20 y 40 kHz. Estas ondas se transmiten a través de unos transductores colocados en la base o en las paredes de la cubeta. Los transductores convierten la señal eléctrica en vibraciones mecánicas que, al propagarse en el líquido, producen las microburbujas responsables de la limpieza.

El tercer elemento básico es el recipiente o cubeta, habitualmente de acero inoxidable para resistir la corrosión y facilitar la transmisión de las ondas. En ella se coloca el líquido de limpieza y las piezas a tratar. Dependiendo del modelo, la cubeta puede incluir sistemas de calefacción para mejorar la acción de ciertos productos químicos o favorecer la desincrustación de grasas.

Fig. 2. En el ámbito profesional, los equipos se clasifican según su capacidad y diseño

Anotación

Un aspecto clave en el rendimiento del equipo es la frecuencia de trabajo. Las bajas frecuencias (alrededor de 20 kHz) generan burbujas más grandes y con mayor poder de choque, adecuadas para eliminar suciedad incrustada en materiales resistentes. En cambio, frecuencias más altas (por encima de 35 kHz) producen burbujas más pequeñas y delicadas, recomendadas para limpiar objetos frágiles como circuitos electrónicos, lentes o joyas.

Existen desde pequeñas cubetas de sobremesa, utilizadas en clínicas dentales para higienizar instrumental, hasta grandes tanques industriales capaces de procesar piezas de automoción o componentes aeronáuticos.

A continuación, se presenta una tabla que relaciona los tipos de equipos de ultrasonidos con sus principales características de uso:

Tipo de equipo	Características principales	Ámbitos de aplicación
Cubeta pequeña de sobremesa (0,5 – 3 litros)	Tamaño compacto, fácil manejo, limpieza rápida de objetos pequeños.	Consultas odontológicas, ópticas, joyerías.
Cubeta mediana (5 – 15 litros)	Mayor capacidad, posibilidad de calentar el líquido, control de tiempo y temperatura.	Talleres de reparación de aparatos electrónicos, laboratorios.
Tanque industrial (50 – 200 litros o más)	Gran volumen, múltiples transductores, sistemas de filtración y recirculación.	Industria automotriz, aeronáutica, fábricas de maquinaria de precisión.
Equipos especializados	Frecuencias variables, programaciones automáticas, diseño adaptado a piezas concretas.	Instrumental quirúrgico, componentes ópticos, relojería de alta gama.

En muchos casos, estos equipos se complementan con soluciones de limpieza específicas, formuladas para potenciar la acción de las ondas ultrasónicas sin dañar los materiales. Dichas soluciones suelen contener agentes tensioactivos suaves, desincrustantes o desinfectantes, dependiendo del uso.

Por último, conviene destacar la importancia de las medidas de seguridad en la manipulación de estos equipos. El contacto directo con líquidos calientes, la exposición prolongada a ultrasonidos de alta intensidad o la manipulación de productos químicos sin protección adecuada pueden generar riesgos para el operario. Por ello, es imprescindible seguir las recomendaciones del fabricante y aplicar protocolos de prevención de riesgos laborales adaptados a cada situación.

Ejemplo

Se expone un ejemplo sobre la limpieza de instrumental en una clínica dental. En una clínica dental se recibe diariamente gran cantidad de instrumental que entra en contacto con fluidos biológicos. El proceso de limpieza manual con cepillos resultaba lento, poco uniforme y suponía riesgo de cortes y exposición a contaminantes para el personal. Para optimizar el procedimiento, la clínica incorporó una cubeta ultrasónica de 10 litros, equipada con sistema de calefacción y temporizador. El instrumental se coloca en cestas metálicas perforadas, que permiten el contacto completo con la solución de limpieza. El ciclo programado dura 8 minutos a una frecuencia de 35 kHz, lo que asegura una limpieza homogénea sin dañar las piezas finas.

La solución utilizada es un producto desinfectante específico para odontología, que potencia la acción ultrasónica y elimina microorganismos sin corroer los metales. Una vez finalizado el ciclo, las piezas se enjuagan y esterilizan en autoclave, garantizando un alto nivel de seguridad. Gracias a este sistema, la clínica ha reducido en un 60 % el tiempo destinado a la limpieza, ha mejorado la uniformidad de los resultados y ha minimizado los riesgos laborales del personal.

Resumen

La limpieza por ultrasonidos es un procedimiento que utiliza ondas de alta frecuencia aplicadas a un medio líquido para eliminar la suciedad mediante el fenómeno de cavitación. Este proceso genera millones de microburbujas que implosionan en contacto con la superficie, desprendiendo residuos incluso en las zonas más inaccesibles. Gracias a este principio, se consigue una limpieza profunda, uniforme y rápida, sin necesidad de fricción mecánica directa.

Entre las principales ventajas de esta técnica se encuentra la capacidad de acceder a ranuras, perforaciones y cavidades imposibles de tratar manualmente, la reducción significativa del tiempo de trabajo y del esfuerzo humano, así como el menor uso de productos químicos agresivos. Además, protege los materiales delicados al no requerir cepillos ni abrasivos y ofrece resultados homogéneos en todas las superficies tratadas. Por su versatilidad, se aplica tanto en sectores industriales como en ámbitos sanitarios, electrónicos, ópticos o de joyería.

Los equipos de ultrasonidos están formados por tres elementos básicos: el generador, que produce las ondas ultrasónicas; los transductores, que las convierten en vibraciones mecánicas; y la cubeta, generalmente de acero inoxidable, donde se introduce el líquido junto a los objetos a limpiar. Según su tamaño y capacidad, los equipos pueden ser desde pequeñas cubetas de sobremesa, utilizadas en clínicas dentales o joyerías, hasta grandes tanques industriales capaces de procesar piezas voluminosas de automoción o aeronáutica.

La frecuencia de trabajo es determinante para el tipo de aplicación: frecuencias bajas (alrededor de 20 kHz) generan burbujas grandes con gran poder de choque, adecuadas para materiales resistentes; mientras que frecuencias altas (por encima de 35 kHz) producen burbujas más pequeñas y delicadas, recomendadas para componentes frágiles como lentes, circuitos electrónicos o relojes de precisión.

Finalmente, la eficacia de estos equipos depende también del uso de soluciones de limpieza específicas, formuladas con tensioactivos suaves o desinfectantes compatibles con la acción ultrasónica. A su vez, es imprescindible cumplir con las medidas de seguridad, como el uso de guantes y gafas, el manejo cuidadoso de líquidos calientes y la correcta ventilación del área, con el fin de garantizar la seguridad del operario y el buen mantenimiento del equipo.

Glosario

Cavitación

Fenómeno físico que ocurre cuando las ondas ultrasónicas generan microburbujas en un líquido, que al implosionar desprenden la suciedad adherida a las superficies.

Cubeta ultrasónica

Recipiente de acero inoxidable en el que se introduce el líquido de limpieza y los objetos a tratar mediante ultrasonidos.

Frecuencia de trabajo

Número de vibraciones por segundo que produce el equipo ultrasónico. Determina el tipo de burbuja generada y, por tanto, la intensidad y delicadeza de la limpieza.

Generador de ultrasonidos

Componente electrónico que transforma la energía eléctrica en ondas ultrasónicas, enviándolas a los transductores del equipo.

Instrumental delicado

Objetos sensibles a la fricción o abrasión, como lentes ópticas, circuitos impresos, instrumentos quirúrgicos o relojes de precisión, que requieren métodos no invasivos de limpieza.

Solución de limpieza

Mezcla líquida utilizada en la cubeta ultrasónica, generalmente agua combinada con agentes tensioactivos, detergentes suaves o desinfectantes, según la aplicación.

Tanque industrial

Equipo de ultrasonidos de gran capacidad, diseñado para procesar piezas voluminosas o numerosas, empleado en sectores como la automoción, la aeronáutica o la fabricación de maquinaria.

Transductor

Dispositivo que convierte la energía eléctrica procedente del generador en vibraciones mecánicas de alta frecuencia, responsables de producir la cavitación en el líquido.

Ultrasonidos

Ondas acústicas de alta frecuencia, superiores al umbral audible del oído humano (20 kHz), utilizadas en procesos de limpieza y en aplicaciones médicas e industriales.

Versatilidad

Capacidad de los equipos de ultrasonidos para adaptarse a la limpieza de una gran variedad de objetos y materiales, desde piezas metálicas industriales hasta componentes electrónicos frágiles.

Ejercicios de autoevaluación

1. ¿Cuál es el principio físico en el que se basa la limpieza por ultrasonidos?

   a. La fricción mecánica directa de cepillos.

   b. La generación de ondas de alta frecuencia en un medio líquido.

   c. La acción abrasiva de partículas en suspensión.

   d. La aplicación de vapor a presión.

2. ¿Qué fenómeno producen los ultrasonidos en el líquido de la cubeta?

   a. Descomposición química.

   b. Cavitación mediante microburbujas.

   c. Evaporación acelerada.

   d. Combustión de residuos.

3. ¿Qué ventaja principal ofrece la limpieza por ultrasonidos frente a la manual?

   a. Mayor consumo de productos químicos.

   b. Acción superficial rápida.

   c. Acceso a cavidades y zonas de difícil alcance.

   d. Sustitución del secado posterior.

4. ¿Qué elemento convierte la energía eléctrica en vibraciones mecánicas dentro del equipo?

   a. El generador.

   b. El transductor.

   c. La cubeta.

   d. El temporizador.

5. ¿Cuál es el material más común de las cubetas de ultrasonidos?

    a. Plástico reforzado.

    b. Vidrio templado.

    c. Acero inoxidable.

    d. Aluminio anodizado.

6. ¿Qué ocurre cuando se utilizan frecuencias bajas (20 kHz aprox.)?

    a. Burbuja pequeña y delicada.

    b. Burbuja grande y con gran poder de choque.

    c. Eliminación exclusiva de polvo fino.

    d. Se reduce la acción ultrasónica.

7. ¿En qué aplicaciones son preferibles las frecuencias altas (35 kHz o más)?

    a. Limpieza de piezas robustas de automoción.

    b. Eliminación de óxido en estructuras metálicas.

    c. Desinfección de superficies de obra.

    d. Tratamiento de componentes frágiles como lentes o circuitos.

8. ¿Qué ventaja supone el uso de equipos ultrasónicos respecto al consumo de químicos?

    a. Eliminan la necesidad de utilizar agua.

    b. Aumentan el consumo de disolventes potentes.

    c. Reducen el uso de productos agresivos.

    d. Sustituyen por completo a los desinfectantes.

9. ¿Qué capacidad suelen tener las cubetas pequeñas de sobremesa?

    a. Entre 0,5 y 3 litros.

    b. Entre 10 y 20 litros.

    c. Entre 25 y 40 litros.

    d. Más de 50 litros.

10. ¿Qué característica destaca en los tanques industriales de ultrasonidos?

    a. Frecuencia fija y tamaño reducido.

    b. Gran volumen y múltiples transductores.

    c. Uso exclusivo en clínicas dentales.

    d. Funcionamiento manual sin automatización.

U. A. 4. Limpieza de toldos

Introducción

Los toldos constituyen elementos esenciales en numerosos espacios, tanto en entornos domésticos como en locales comerciales e instalaciones públicas. Su función principal es la protección frente a la radiación solar, la lluvia o la suciedad ambiental, lo que contribuye al confort de los usuarios y a la conservación de los espacios. Sin embargo, debido a su exposición constante a factores climáticos, contaminación y agentes externos, los toldos requieren procesos de limpieza específicos que garanticen su durabilidad, su buen aspecto estético y el mantenimiento de sus propiedades funcionales.

En esta unidad se estudiarán los distintos tipos de toldos y sus componentes, así como los métodos, productos y utensilios más adecuados para llevar a cabo su limpieza de forma segura y eficaz. Asimismo, se abordarán las precauciones necesarias para preservar los materiales, prevenir daños durante la intervención y asegurar un resultado óptimo en el servicio.

Objetivos

- Identificar los principales componentes de un toldo y comprender su función en la estructura.
- Distinguir los diferentes tipos de toldos existentes en el mercado, atendiendo a sus características y materiales.
- Aplicar los métodos adecuados de limpieza en función del tipo de toldo y del grado de suciedad.
- Seleccionar la maquinaria, utensilios y productos de limpieza apropiados para cada situación, garantizando la seguridad del operario y la conservación del material.
- Reconocer las precauciones necesarias en el manejo de toldos durante la limpieza, minimizando riesgos y prolongando su vida útil.

1. Componentes de un toldo

El toldo es una estructura compuesta por diferentes elementos que trabajan de forma conjunta para ofrecer protección solar y resistencia frente a las condiciones ambientales. Conocer sus componentes resulta esencial para llevar a cabo una limpieza adecuada, ya que cada material responde de manera distinta ante los productos y métodos utilizados.

En primer lugar, es necesario distinguir los elementos principales que conforman la parte estructural y funcional del toldo:

- **Lona o tejido**: es la superficie visible que protege del sol y de la lluvia ligera. Puede estar fabricada en poliéster, acrílico o lona plastificada, y su durabilidad depende en gran medida del mantenimiento y limpieza.
- **Estructura metálica**: formada por brazos, soportes, perfiles y articulaciones, generalmente fabricados en aluminio o acero, que proporcionan estabilidad y permiten el movimiento del toldo.
- **Soportes y anclajes**: piezas que fijan el toldo a la pared, techo o estructura externa. Su limpieza es importante para prevenir la acumulación de óxido o suciedad que pueda afectar a la seguridad.
- **Elementos de accionamiento**: pueden ser manuales (manivela, cuerda) o motorizados (motor tubular, interruptores, mando a distancia). Estos requieren limpieza cuidadosa para evitar el deterioro de mecanismos eléctricos o de engranaje.

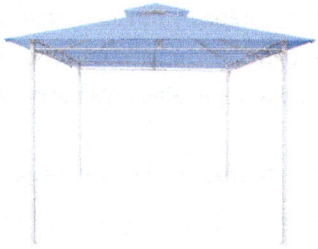

Fig. 1. Cuando se aborda la limpieza de un toldo, cada componente debe tratarse de forma diferenciada, teniendo en cuenta sus características físicas

Para visualizar mejor la relación entre los componentes y las consideraciones de limpieza, resulta útil presentar una tabla comparativa:

Componente	Material habitual	Atención en limpieza
Lona o tejido	Acrílico, poliéster, PVC	Evitar cepillos duros, usar detergentes neutros
Estructura metálica	Aluminio, acero	Retirar polvo y grasa, aplicar productos antióxido si es preciso
Soportes y anclajes	Metal o aleaciones	Verificar estado, eliminar acumulación de polvo y óxido
Accionamiento manual	Metal y plástico	Limpiar con paño húmedo, sin aplicar exceso de agua
Accionamiento motorizado	Componentes eléctricos	No mojar, limpiar con aire comprimido o paño seco

Ejemplo

Cuando se limpia un toldo de lona acrílica con estructura de aluminio, no se pueden aplicar los mismos productos a ambos materiales. El tejido necesita soluciones jabonosas suaves, mientras que la estructura admite limpiadores específicos para metales, incluso con cierto poder desengrasante.

De este modo, conocer los **componentes del toldo** permite seleccionar la técnica y el producto más adecuado, evitando daños y prolongando la vida útil del sistema.

2. Tipos de toldos

Los toldos se presentan en una amplia variedad de modelos, adaptados a diferentes necesidades de protección solar, estética y funcionalidad. Identificar el tipo de toldo es un paso previo indispensable para aplicar el método de limpieza más apropiado, ya que la forma de la estructura y los materiales utilizados condicionan el tratamiento.

En un primer nivel, pueden clasificarse según su sistema de instalación y mecanismo de funcionamiento.

Dentro de los toldos más habituales destacan:

- **Toldos de brazos articulados**: se extienden mediante brazos mecánicos que proyectan la lona hacia el exterior. Son muy comunes en terrazas y comercios. Su limpieza requiere atención tanto en el tejido como en los brazos metálicos, que acumulan polvo y grasa.
- **Toldos verticales**: se despliegan en sentido descendente y suelen colocarse en ventanas, balcones o pérgolas. La lona suele estar más protegida del polvo ambiental, pero acumula suciedad en la parte inferior por contacto con el suelo o barandillas.
- **Toldos capota**: tienen forma semicircular o abovedada, fijos o abatibles. Protegen bien del sol y la lluvia, aunque presentan mayor dificultad de limpieza debido a los pliegues y curvaturas del tejido.
- **Toldos correderos o de pérgola**: compuestos por lonas móviles que se desplazan sobre guías o cables. Se usan en jardines y terrazas de grandes dimensiones. Al tener mayor superficie de lona, suelen necesitar limpiezas más periódicas para evitar manchas generalizadas.
- **Toldos fijos**: estructuras metálicas con lona tensada permanentemente. No se recogen, por lo que están más expuestos a la intemperie y su limpieza debe realizarse con mayor frecuencia.

Se expone a continuación una comparación de los distintos tipos:

Tipo de toldo	Características	Aspectos de limpieza relevantes
Brazos articulados	Extensibles, comunes en comercios y terrazas	Revisar brazos metálicos y articulaciones
Verticales	Descendentes, ideales en ventanas y balcones	Acumulación de suciedad en la parte inferior
Capota	Forma semicircular o curva	Limpieza más minuciosa en pliegues y costuras
Correderos/Pérgola	Lonas móviles sobre guías	Atención a manchas por gran superficie de lona
Fijos	Estructura permanente, sin recogida	Mayor exposición, requieren limpieza frecuente

Ejemplo

Un ejemplo ilustrativo permite entender mejor las diferencias: en un toldo de brazos articulados colocado en un local comercial de calle, la acumulación de humo y polvo urbano afecta tanto a la lona como a los brazos metálicos, por lo que el operario debe alternar productos suaves para el tejido y desengrasantes específicos para las piezas metálicas. En cambio, un toldo vertical instalado en una vivienda suele acumular más polen y suciedad en la zona inferior, lo que obliga a reforzar la limpieza en esa parte concreta.

Fig. 2. El conocimiento de los tipos de toldos y de sus particularidades permite planificar de manera más precisa la limpieza, optimizando tiempo y recursos

3. Métodos de limpieza de toldos

La elección del método de limpieza de un toldo depende de factores como el tipo de tejido, el grado de suciedad acumulada y la frecuencia con la que se realiza el mantenimiento. Es importante aplicar técnicas que eliminen la suciedad sin dañar los materiales ni reducir la vida útil del sistema.

En términos generales, los métodos más utilizados se dividen en limpieza básica de mantenimiento, limpieza profunda programada y tratamientos específicos de manchas.

En primer lugar, la limpieza básica de mantenimiento se aplica de forma periódica para evitar que la suciedad se incruste:

- Se utiliza un cepillo de cerdas suaves para retirar polvo, hojas secas o insectos.
- La lona se limpia con agua tibia y un detergente neutro diluido, aplicando un paño o esponja.
- Se aclara abundantemente con agua para eliminar restos de jabón, que podrían provocar manchas o rigidez en el tejido.

En segundo lugar, la limpieza profunda programada se lleva a cabo en intervalos más amplios (una o dos veces al año), especialmente en toldos muy expuestos:

- Se desmonta el toldo si es posible, lo que facilita el lavado de toda la lona.
- Puede emplearse maquinaria de agua a presión con regulador, manteniendo una distancia prudente para no dañar las fibras.
- En tejidos sintéticos como el PVC, se permite el uso de desengrasantes suaves, mientras que en fibras acrílicas conviene mantener siempre detergentes neutros.

Por último, los tratamientos específicos de manchas son necesarios cuando existen restos localizados de grasa, moho o contaminación:

- Para manchas de moho, se aplica una solución de agua con unas gotas de lejía, únicamente en lonas aptas y nunca sobre colores intensos que puedan decolorarse.
- Para manchas de grasa, se utilizan productos quitamanchas neutros o detergentes con poder desengrasante diluidos.
- En caso de excrementos de aves, conviene actuar con rapidez para evitar que los ácidos deterioren el tejido.

Se expone el contraste de los métodos:

Método	Procedimiento principal	Precauciones
Limpieza básica de mantenimiento	Cepillado suave y detergente neutro diluido	Evitar cepillos duros o detergentes abrasivos
Limpieza profunda programada	Desmontaje parcial, lavado completo, agua a presión	Mantener distancia de seguridad con hidrolimpiadora
Tratamiento de manchas específicas	Aplicar productos localizados según el tipo de mancha	Comprobar compatibilidad con el tejido y colores

 Ejemplo

Un ejemplo práctico ayuda a entender su aplicación: si un toldo de terraza acumula polvo y polen de manera constante, bastará con la limpieza básica cada dos semanas. En cambio, un toldo fijo en la fachada de un comercio puede requerir una limpieza profunda con agua a presión cada temporada, reforzada con un tratamiento puntual de manchas en las zonas más expuestas a contaminación urbana.

De esta forma, la selección del **método de limpieza adecuado** asegura un resultado eficaz sin comprometer la resistencia de la lona ni de la estructura.

4. Maquinaria y utensilios en la limpieza de toldos

La limpieza de toldos no solo depende de los productos empleados, sino también del uso adecuado de la maquinaria y los utensilios.

Fig. 3. Una elección correcta permite optimizar el tiempo de trabajo, mejorar el resultado y garantizar la seguridad tanto del operario como de la superficie tratada

En un primer nivel, conviene diferenciar entre **maquinaria de apoyo** y **utensilios manuales**.

Dentro de la **maquinaria de apoyo** destacan:

- **Hidrolimpiadoras de agua a presión**: permiten eliminar polvo, manchas superficiales y suciedad incrustada. Deben usarse con presión regulada y mantener la boquilla a cierta distancia para no dañar la lona.
- **Aspiradores de líquidos**: útiles para retirar restos de agua jabonosa en lonas desmontadas y acelerar el secado.
- **Equipos de vapor**: aplican calor controlado para eliminar manchas difíciles o restos de moho, con la ventaja de reducir el uso de productos químicos.

En cuanto a los **utensilios manuales**, se utilizan para operaciones más precisas:

- **Cepillos de cerdas suaves**: permiten retirar polvo sin dañar la lona.
- **Esponjas y paños de microfibra**: adecuados para aplicar detergentes neutros y frotar suavemente la superficie.
- **Cubos y pulverizadores**: facilitan la preparación de soluciones jabonosas y la aplicación homogénea sobre el tejido.
- **Palas extensibles o mangos telescópicos**: permiten llegar a zonas altas sin necesidad de escaleras, reduciendo riesgos laborales.

Para visualizar mejor la relación entre utensilio y función, se presenta una tabla comparativa:

Maquinaria/Utensilio	Función principal	Precauciones de uso
Hidrolimpiadora a presión	Eliminar suciedad general e incrustada	Regular presión y mantener distancia de seguridad
Aspirador de líquidos	Retirar restos de agua tras limpieza	Evitar contacto con elementos eléctricos
Equipo de vapor	Desinfectar y eliminar manchas de moho	Controlar temperatura y no aplicar en exceso
Cepillo de cerdas suaves	Desempolvar lona y estructura	No usar en lonas delicadas si están húmedas
Paños de microfibra / esponjas	Aplicar detergente neutro y frotar suavemente	Cambiar con frecuencia para evitar acumulación de suciedad
Pulverizadores	Extender detergente o productos especializados	No exceder la cantidad para evitar restos de jabón
Mangos telescópicos	Acceder a zonas altas sin escalera	Verificar estabilidad del operario en el manejo

Ejemplo

Un ejemplo aplicado permite comprender la importancia de esta combinación: en la limpieza de un toldo fijo en fachada, se puede utilizar primero un pulverizador con detergente neutro para ablandar la suciedad, después un cepillo de cerdas suaves con mango telescópico para frotar la lona y, finalmente, una hidrolimpiadora a baja presión para enjuagar toda la superficie.

Resumen

Los toldos son elementos muy utilizados en viviendas, locales y espacios públicos, cuya función principal es proteger de la radiación solar y de las inclemencias del tiempo. Debido a su exposición constante al exterior, requieren un mantenimiento específico que preserve tanto la lona como la estructura metálica y los mecanismos de accionamiento. Conocer sus componentes es fundamental: la lona o tejido, la estructura metálica, los soportes y anclajes, y los sistemas de accionamiento manuales o motorizados. Cada uno de ellos necesita un cuidado diferenciado, ya que los materiales no responden de la misma forma a los productos y técnicas de limpieza.

Existen diversos tipos de toldos, cada uno con características propias que condicionan su limpieza. Los toldos de brazos articulados son los más comunes y requieren atención en los brazos metálicos. Los verticales suelen acumular suciedad en la parte inferior, mientras que los capota presentan dificultad por sus pliegues. Los correderos o de pérgola cubren grandes superficies y demandan limpiezas periódicas más exhaustivas. Los toldos fijos, al no recogerse, están sometidos a mayor desgaste y requieren un mantenimiento más frecuente.

Los métodos de limpieza se clasifican en tres grupos principales. La limpieza básica de mantenimiento, que se realiza de manera periódica con cepillos suaves y detergente neutro, evita que la suciedad se incruste. La limpieza profunda programada, recomendada una o dos veces al año, incluye el desmontaje parcial del toldo y el uso de hidrolimpiadoras con presión controlada. Por último, los tratamientos específicos de manchas se aplican en casos concretos de grasa, moho o contaminación, siempre comprobando la compatibilidad de los productos con el tejido.

La maquinaria y los utensilios adecuados son esenciales para garantizar un trabajo seguro y eficaz. Entre la maquinaria destacan la hidrolimpiadora de agua a presión, los aspiradores de líquidos y los equipos de vapor. Entre los utensilios manuales más habituales se encuentran los cepillos de cerdas suaves, las esponjas, los paños de microfibra, los pulverizadores y los mangos telescópicos. Su uso correcto no solo mejora el resultado, sino que también evita daños en la lona y reduce riesgos laborales.

En conjunto, la limpieza de toldos exige identificar los materiales, seleccionar el método apropiado y emplear la maquinaria y utensilios adecuados. Un mantenimiento regular y cuidadoso prolonga la vida útil del toldo y mantiene su aspecto estético y funcional en condiciones óptimas.

Glosario

Accionamiento manual

Sistema de apertura mediante manivela o cuerda que permite extender o recoger la lona.

Accionamiento motorizado

Sistema eléctrico que automatiza el movimiento del toldo mediante motor tubular y mando.

Equipo de vapor

Dispositivo que utiliza calor controlado para limpiar y desinfectar sin necesidad de productos químicos agresivos.

Estructura metálica

Conjunto de brazos, perfiles y soportes que sostienen la lona, fabricados normalmente en aluminio o acero.

Hidrolimpiadora

Equipo que expulsa agua a presión regulada, útil para eliminar suciedad incrustada.

Limpieza básica de mantenimiento

Procedimiento periódico con cepillado suave y detergente neutro para prevenir la acumulación de suciedad.

Limpieza profunda programada

Intervención más completa, realizada una o dos veces al año, que puede incluir desmontaje y agua a presión controlada.

Lona o tejido

Superficie del toldo, generalmente de acrílico, poliéster o PVC, que proporciona la protección solar y requiere un mantenimiento cuidadoso.

Mango telescópico

Herramienta extensible que facilita el acceso a zonas altas sin necesidad de escaleras.

Pulverizador

Utensilio manual que permite aplicar de manera homogénea soluciones jabonosas o productos limpiadores.

Soportes y anclajes

Piezas que fijan el toldo a la pared, techo o estructura externa, fundamentales para la seguridad.

Toldo capota

Toldo con forma curva o semicircular, fijo o abatible, que presenta mayor dificultad de limpieza.

Toldo corredero o de pérgola

Lona desplazable sobre guías, ideal para grandes superficies en jardines o terrazas.

Toldo de brazos articulados

Modelo extensible muy común en comercios y terrazas, con brazos que proyectan la lona hacia el exterior.

Toldo fijo

Estructura permanente con lona tensada, más expuesta a la intemperie y que requiere limpiezas frecuentes.

Toldo vertical

Toldo que se despliega de arriba a abajo, adecuado para ventanas y balcones.

Tratamiento de manchas específicas

Técnicas aplicadas para eliminar moho, grasa u otros restos localizados en la lona.

Ejercicios de autoevaluación

1. **¿Cuál es el componente principal de un toldo que proporciona la protección solar?**

   a. Los anclajes.
   b. La lona o tejido.
   c. Los brazos metálicos.
   d. El motor.

2. **¿Qué material se utiliza con mayor frecuencia en la estructura metálica de los toldos?**

   a. Madera.
   b. Plástico.
   c. Aluminio.
   d. Fibra de vidrio.

3. **¿Qué tipo de toldo se caracteriza por tener brazos mecánicos que extienden la lona hacia el exterior?**

   a. Toldo de brazos articulados.
   b. Toldo vertical.
   c. Toldo fijo.
   d. Toldo capota.

4. **¿Cuál es la principal dificultad en la limpieza de un toldo capota?**

   a. La lona no se recoge.
   b. Los pliegues y curvaturas del tejido.
   c. La acumulación de polvo en brazos.
   d. La falta de anclajes.

5. ¿Qué tipo de toldo suele acumular más suciedad en la parte inferior por contacto con barandillas o suelo?

a. Toldo fijo.

b. Toldo corredero.

c. Toldo vertical.

d. Toldo capota.

6. ¿Con qué frecuencia se recomienda realizar la limpieza profunda programada en un toldo expuesto?

a. Cada semana.

b. Cada día.

c. Una o dos veces al año.

d. Cada dos meses.

7. ¿Qué producto es adecuado para la limpieza básica de un toldo?

a. Ácido clorhídrico.

b. Disolvente industrial.

c. Abrillantador metálico.

d. Detergente neutro diluido.

8. ¿Qué precaución debe tenerse al usar una hidrolimpiadora en un toldo?

a. No aplicar detergente.

b. Regular la presión y mantener distancia de seguridad.

c. Mojar los mecanismos eléctricos.

d. Usar siempre máxima presión.

9. **¿Qué solución puede aplicarse en una lona apta para eliminar manchas de moho?**

   a. Agua con unas gotas de lejía.

   b. Disolvente de pintura.

   c. Abrillantador textil.

   d. Alcohol en gel.

10. **¿Qué utensilio es más apropiado para aplicar detergente neutro de manera uniforme sobre la lona?**

    a. Escoba dura.

    b. Pulverizador.

    c. Martillo.

    d. Lima metálica.

U. A. 5. Limpieza de paredes

Introducción

Las paredes, al igual que otras superficies, requieren de un mantenimiento específico para conservar tanto su funcionalidad como su aspecto estético. En entornos profesionales y comunitarios, la limpieza de paredes no solo tiene un valor visual, sino también higiénico, ya que estas superficies acumulan polvo, suciedad, humedad e incluso agentes contaminantes que pueden afectar a la salud.

Existen diferentes tipos de materiales en paredes —como pintura plástica, cerámica, piedra, madera o papel pintado— que requieren tratamientos diferenciados. El conocimiento de los métodos adecuados, junto con el uso correcto de maquinaria, utensilios y productos, permite realizar una limpieza eficaz sin dañar las superficies.

La presente unidad ofrece una visión práctica y técnica sobre los procedimientos de limpieza de paredes, destacando la importancia de la selección del método según el material, así como el cumplimiento de las normas de prevención de riesgos laborales durante el proceso.

Objetivos

- Identificar los distintos tipos de materiales presentes en paredes y reconocer sus características principales.
- Seleccionar el método de limpieza adecuado en función del tipo de superficie, el grado de suciedad y las condiciones ambientales.
- Aplicar correctamente técnicas, maquinaria y utensilios específicos para la limpieza de paredes, optimizando tiempo y recursos.
- Distinguir los productos de limpieza más adecuados para cada material, evitando daños y respetando criterios de sostenibilidad.
- Adoptar medidas de seguridad y prevención de riesgos laborales durante las tareas de limpieza, protegiendo tanto al trabajador como al entorno.

1. Tipos de materiales de las paredes

Las paredes en los distintos entornos de trabajo y vivienda pueden estar construidas o recubiertas con una amplia variedad de materiales. Cada uno de ellos presenta propiedades específicas que condicionan tanto la acumulación de suciedad como los métodos de limpieza que pueden aplicarse sin deteriorar la superficie.

En el caso de las superficies más comunes, las paredes suelen encontrarse recubiertas de pintura. La pintura plástica es la más extendida por su resistencia y facilidad de limpieza, mientras que la pintura al temple es más frágil y se deteriora con la humedad, lo que limita los procedimientos de limpieza posibles.

Existen también materiales con mayor resistencia, como el azulejo cerámico o el gres porcelánico, que permiten limpiezas más intensivas con productos químicos o maquinaria específica.

Fig. 1. Las superficies porosas como la piedra natural o el ladrillo visto requieren tratamientos más especializados, ya que absorben la suciedad con facilidad y pueden sufrir daños con detergentes agresivos

En determinados espacios, especialmente en oficinas o ambientes residenciales, se emplea papel pintado. Este recubrimiento es especialmente delicado, puesto que puede decolorarse o despegarse con el exceso de humedad. En su limpieza, se priorizan técnicas suaves como el uso de gomas de borrar especiales o paños ligeramente humedecidos.

Para ofrecer una visión comparativa, se presenta a continuación una tabla que sintetiza los materiales más habituales en paredes y sus principales características de resistencia frente a la limpieza:

Material	Resistencia a la limpieza	Recomendaciones básicas
Pintura plástica	Alta	Admiten limpieza húmeda con esponja y detergente neutro.
Pintura al temple	Baja	Evitar el agua, preferible limpieza en seco (borradores o cepillos suaves).
Azulejo cerámico	Muy alta	Permite productos desinfectantes y fregado intensivo.
Piedra natural	Media-baja	Requiere productos específicos no ácidos y cepillado ligero.
Ladrillo visto	Media	Puede aspirarse y aplicar soluciones protectoras antimanchas.
Papel pintado	Muy baja	Solo limpieza superficial y localizada, sin productos líquidos.
Madera (revestimiento)	Media	Precisa productos neutros, evitando exceso de agua para no hincharla.

Ejemplo

En los hospitales y centros de salud, las paredes suelen estar recubiertas con pintura plástica lavable o con azulejos, ya que permiten una limpieza constante con desinfectantes sin deterioro del material. En cambio, en oficinas o despachos se suele optar por pintura al temple o papel pintado, lo que obliga a una limpieza más cuidadosa y menos frecuente.

2. Métodos de limpieza de paredes

La elección del método de limpieza depende en gran medida del tipo de material de la pared, el grado de suciedad y el entorno en el que se encuentre (espacios sanitarios, oficinas, viviendas, industria, etc.). El objetivo es eliminar la suciedad sin dañar la superficie, optimizando el tiempo y garantizando la higiene.

Cuando se trata de superficies recubiertas con pintura plástica, se pueden emplear métodos húmedos. Lo más habitual es el uso de una esponja suave o bayeta de microfibra con agua templada y un detergente neutro. En el caso de manchas puntuales, como huellas dactilares o rozaduras, se recomienda aplicar movimientos circulares suaves y aclarar con un paño limpio.

Por el contrario, en paredes de pintura al temple se debe evitar el exceso de humedad. En este caso, es preferible recurrir a borradores de limpieza en seco o a cepillos de cerdas muy finas que eliminen el polvo sin deteriorar la superficie. Si existen manchas resistentes, se suelen repintar las zonas afectadas en lugar de intentar una limpieza intensiva.

Cuando las paredes son de cerámica o gres, el método más eficaz es el fregado húmedo con agua caliente y detergente, pudiendo añadirse productos desinfectantes en entornos que lo requieran.

Fig. 2. La limpieza de las juntas es un aspecto fundamental, para lo cual se utilizan cepillos pequeños o incluso equipos de vapor

En el caso de paredes de piedra natural o ladrillo visto, la limpieza debe realizarse con cepillos de cerdas suaves y productos diseñados específicamente para superficies porosas. Se desaconseja el uso de productos ácidos (como la lejía o el vinagre), ya que pueden corroer el material. Para manchas profundas, se utilizan limpiadores alcalinos suaves y, en ocasiones, técnicas de microchorro de arena o vapor controlado.

Las paredes recubiertas de papel pintado requieren métodos mucho más delicados. Se recomienda retirar el polvo con un plumero o aspiradora con boquilla de cepillo. Si aparecen manchas, se puede recurrir a gomas de borrar especiales o a paños ligeramente humedecidos, siempre comprobando previamente en una zona poco visible que el papel no se dañe.

Para ilustrar estos métodos, se puede clasificar la elección de limpieza según el nivel de suciedad:

- **Suciedad ligera (polvo, marcas leves):** paño seco, aspirado, borrador de limpieza.
- **Suciedad media (manchas de contacto, salpicaduras):** esponja con detergente neutro, paño humedecido.
- **Suciedad intensa (grasa, moho, restos incrustados):** uso de productos específicos según el material, aplicación de vapor o microchorro controlado.

Un ejemplo práctico se observa en restaurantes, donde las paredes cercanas a cocinas suelen cubrirse de gres o azulejo, ya que permiten limpiezas frecuentes con productos desengrasantes. En cambio, en un despacho corporativo con paredes de papel pintado, cualquier método agresivo dañaría el material, por lo que se limita a limpiezas puntuales en seco.

3. Maquinaria y utensilios en la limpieza de paredes

La eficacia de la limpieza de paredes no solo depende de los métodos y productos empleados, sino también del equipamiento utilizado.

Fig. 3. La selección adecuada de maquinaria y utensilios permite mejorar la calidad del trabajo, reducir el esfuerzo físico y garantizar la seguridad de la superficie tratada

En los procedimientos manuales, los utensilios básicos son imprescindibles. Las bayetas de microfibra resultan muy eficaces para atrapar el polvo y eliminar manchas superficiales, mientras que las esponjas suaves se utilizan en superficies lavables como pintura plástica o azulejos. Los cepillos de cerdas blandas son útiles en paredes porosas, como ladrillo visto o piedra, ya que permiten retirar la suciedad acumulada sin dañar el material.

Cuando es necesario acceder a zonas altas, se utilizan alargadores telescópicos que permiten colocar en su extremo paños, mopas o cepillos, reduciendo riesgos asociados al uso de escaleras.

En cuanto a la maquinaria, destacan los aspiradores con boquillas especiales para superficies delicadas, muy útiles en paredes con papel pintado o revestimientos de polvo fácil. Para entornos con suciedad más intensa, como instalaciones industriales, se emplean equipos de vapor. Estos permiten desincrustar grasa o restos orgánicos en paredes de cerámica o metal sin necesidad de productos químicos agresivos.

Otro recurso especializado es el hidrolimpiador de baja presión, utilizado en paredes exteriores de piedra, hormigón o ladrillo. Se combina con detergentes específicos y requiere un ajuste cuidadoso para no erosionar la superficie. En algunos casos, se aplican técnicas de microchorro de arena o bicarbonato, especialmente en restauración de fachadas, para eliminar manchas sin dañar el material original.

Se resume en la siguiente tabla la relación entre los principales utensilios/maquinaria y su aplicación:

Utensilio / Maquinaria	Aplicación principal	Observaciones
Bayeta de microfibra	Paredes pintadas (plástica)	Limpieza en húmedo o en seco, evita rayaduras.
Esponja suave	Paredes lavables (plástica, cerámica)	Usar con detergente neutro.
Cepillo de cerdas blandas	Piedra natural, ladrillo visto	Elimina polvo y suciedad superficial.
Plumero / aspirador con boquilla	Papel pintado, madera delicada	Retira polvo sin dañar el recubrimiento.
Alargadores telescópicos	Todas las superficies en altura	Reduce riesgos al evitar escaleras.
Aspirador industrial	Paredes con polvo, moho superficial	Incluye filtros HEPA en espacios sanitarios.
Equipo de vapor	Cerámica, gres, metal	Eficaz contra grasa y suciedad incrustada.
Hidrolimpiador de baja presión	Exteriores (ladrillo, piedra, hormigón)	No usar en pintura o papel pintado.
Microchorro de arena/bicarbonato	Fachadas históricas, piedra	Uso especializado en restauración.

Ejemplo

Un ejemplo real se encuentra en el mantenimiento de colegios: en aulas con paredes de pintura plástica, el equipo de limpieza utiliza esponjas y detergente neutro para eliminar marcas de rotulador o manos de los alumnos, mientras que en los patios exteriores se recurre a hidrolimpiadoras de baja presión para limpiar muros de hormigón.

Resumen

Las paredes son superficies que, aunque no suelen estar en contacto directo con el uso cotidiano, acumulan suciedad, polvo, humedad o incluso manchas específicas que pueden afectar tanto a su estética como a la higiene del espacio. La clave para su mantenimiento es conocer el material del que están recubiertas, ya que cada uno exige un tratamiento distinto para no dañarlo.

Las paredes pintadas con pintura plástica son las más resistentes y permiten limpiezas en húmedo con esponjas y detergentes neutros, mientras que la pintura al temple es muy frágil y solo admite métodos en seco, como cepillos suaves o borradores, siendo frecuente repintar zonas dañadas. Otros materiales comunes son el azulejo cerámico o el gres, que soportan limpiezas intensivas con productos químicos y equipos de vapor, a diferencia de superficies porosas como la piedra natural o el ladrillo visto, que requieren productos específicos no ácidos y técnicas cuidadosas. El papel pintado, por su parte, apenas admite limpieza en seco con plumeros o aspiradores de boquilla, ya que la humedad puede deteriorarlo.

Los métodos de limpieza se adaptan tanto al material como al grado de suciedad. Para suciedad ligera basta con plumeros, paños secos o aspirado; para suciedad media se emplean esponjas con detergente neutro; y en casos de suciedad intensa se recurre a productos especializados o maquinaria como equipos de vapor o microchorro en superficies resistentes. En todo caso, el criterio es evitar técnicas agresivas que comprometan la integridad del recubrimiento.

La maquinaria y los utensilios desempeñan un papel esencial. Bayetas de microfibra, esponjas y cepillos blandos son la base de la limpieza manual. Los alargadores telescópicos reducen riesgos en paredes altas. Los aspiradores con boquillas especiales resultan útiles en superficies delicadas, mientras que los equipos de vapor son muy eficaces contra grasa incrustada en cerámica o metal. En exteriores, las hidrolimpiadoras de baja presión y técnicas de microchorro se aplican en muros de piedra o ladrillo. La correcta elección del equipamiento no solo mejora la eficacia, sino que protege al operario y al material tratado.

En definitiva, la limpieza de paredes exige un conocimiento detallado del material, una selección adecuada de métodos y utensilios, y la aplicación de criterios de seguridad y prevención de riesgos laborales. Esto garantiza un mantenimiento eficaz y respetuoso con las superficies, preservando su durabilidad y aspecto.

Glosario

Alargador telescópico

Herramienta extensible que permite acoplar mopas, paños o cepillos para limpiar zonas altas de forma segura.

Bayeta de microfibra

Paño de fibras sintéticas que atrapa eficazmente polvo y suciedad sin rayar la superficie.

Cepillo de cerdas blandas

Utensilio de limpieza con filamentos suaves, usado para retirar suciedad en materiales delicados o porosos.

Cerámica / gres

Material duro y no poroso, habitual en cocinas y baños, que soporta productos desinfectantes y limpieza intensiva.

Detergente neutro

Producto de limpieza con pH equilibrado, que no daña superficies sensibles y es apto para la mayoría de materiales.

Equipo de vapor

Máquina que utiliza vapor a alta temperatura para eliminar grasa, manchas y restos orgánicos sin necesidad de productos químicos agresivos.

Hidrolimpiadora de baja presión

Dispositivo que proyecta agua a presión moderada, usado para limpiar paredes exteriores sin dañar la superficie.

Microchorro de arena/bicarbonato

Técnica de proyección controlada de partículas para limpiar fachadas o restaurar materiales delicados sin deteriorarlos.

Papel pintado

Revestimiento decorativo de pared muy sensible a la humedad, que solo puede limpiarse en seco o con métodos muy suaves.

Pintura al temple

Pintura tradicional poco resistente a la humedad, solo admite limpieza en seco y suele requerir repintado.

Pintura plástica

Recubrimiento lavable y resistente al agua, que permite limpieza en húmedo sin deterioro.

Prevención de riesgos laborales (PRL)

Conjunto de medidas y prácticas destinadas a proteger la salud y seguridad del trabajador durante la limpieza.

Superficie porosa

Pared de piedra natural, ladrillo u otro material que absorbe líquidos y suciedad, lo que limita el uso de productos químicos.

Ejercicios de autoevaluación

1. ¿Qué tipo de pintura es la más resistente a la limpieza húmeda?

    a. Pintura al temple.

    b. Papel pintado.

    c. Pintura acrílica al agua.

    d. Pintura plástica.

2. ¿Qué material de pared absorbe con mayor facilidad la suciedad por su porosidad?

    a. Cerámica esmaltada.

    b. Piedra natural.

    c. Pintura plástica.

    d. Azulejo vidriado.

3. ¿Qué método se recomienda en paredes pintadas al temple?

    a. Fregado con agua abundante.

    b. Limpieza con vapor.

    c. Limpieza en seco con cepillo suave o borrador.

    d. Desinfección con lejía.

4. ¿Qué utensilio se emplea habitualmente para limpiar manchas puntuales en paredes plásticas?

    a. Cepillo de cerdas metálicas.

    b. Hidrolimpiadora de alta presión.

    c. Esponja suave con detergente neutro.

    d. Microchorro de arena.

5. **¿Qué herramienta resulta más adecuada para limpiar paredes con papel pintado?**

   a. Esponja empapada en agua.

   b. Plumero o aspirador con boquilla suave.

   c. Cepillo de cerdas duras.

   d. Equipo de vapor.

6. **¿Qué riesgo conlleva el uso de productos ácidos en la limpieza de piedra natural?**

   a. Dejar manchas visibles.

   b. Reducir la eficacia del detergente.

   c. Endurecer la suciedad.

   d. Corroer y dañar la superficie.

7. **¿Qué utensilio permite acceder con seguridad a zonas altas sin necesidad de escalera?**

   a. Alargador telescópico.

   b. Hidrolimpiadora.

   c. Cepillo manual.

   d. Equipo de ultrasonidos.

8. **En la limpieza de paredes cerámicas, ¿qué técnica es más efectiva para limpiar las juntas?**

   a. Borrador de goma.

   b. Cepillo pequeño o equipo de vapor.

   c. Esponja seca.

   d. Aspiradora de mano.

9. ¿Qué tipo de maquinaria es más adecuada para limpiar grasa incrustada en azulejos de cocina?

a. Cepillo manual.

b. Equipo de vapor.

c. Aspirador industrial.

d. Hidrolimpiadora de alta presión.

10.¿Qué método suele emplearse cuando las paredes pintadas al temple presentan manchas imposibles de eliminar?

a. Repintar la zona afectada.

b. Aplicar productos químicos agresivos.

c. Limpiar con hidrolimpiadora.

d. Desinfectar con amoniaco.

U. A. 5. Limpieza de paredes

U. A. 6. Limpieza de superficies metálicas

Introducción

Las superficies metálicas están presentes en una gran variedad de entornos, desde instalaciones industriales y edificios públicos hasta elementos decorativos, mobiliario urbano y estructuras arquitectónicas. Debido a su constante exposición a factores ambientales como la humedad, la contaminación o los agentes químicos, los metales requieren procedimientos específicos de limpieza y mantenimiento que aseguren tanto su conservación como su funcionalidad.

Una correcta limpieza de superficies metálicas no solo contribuye a mantener la estética y prolongar la vida útil de los materiales, sino que también previene problemas derivados de la corrosión, la acumulación de suciedad o la pérdida de propiedades mecánicas. Para ello es imprescindible conocer los diferentes tipos de metales, los métodos de limpieza más adecuados y la maquinaria, utensilios y productos que garantizan resultados seguros y eficaces.

Objetivos

- Identificar y clasificar los principales tipos de metales, diferenciando sus características y propiedades relevantes para la limpieza.
- Reconocer los riesgos de deterioro asociados a las superficies metálicas y la importancia de un mantenimiento preventivo.
- Aplicar métodos de limpieza adecuados a cada tipo de metal, respetando sus características físicas y químicas.
- Seleccionar y utilizar la maquinaria, utensilios y productos específicos para la limpieza de superficies metálicas de manera eficiente y segura.
- Adoptar medidas de seguridad y prevención de riesgos laborales durante el proceso de limpieza de superficies metálicas.

1. Clasificación de los metales

Los metales utilizados en diferentes superficies pueden clasificarse en función de su composición química y de las propiedades que presentan frente a la limpieza y la conservación. Esta clasificación resulta clave para elegir los métodos y productos más adecuados, ya que un tratamiento inadecuado puede provocar daños irreversibles.

En primer lugar, conviene distinguir entre dos grandes grupos de metales:

1. **Metales ferrosos**: contienen hierro como elemento principal. Son muy resistentes, pero sensibles a la **oxidación y la corrosión** en presencia de humedad y oxígeno.
2. **Metales no ferrosos**: no contienen hierro como base. Son más ligeros, en muchos casos más maleables y, en determinadas circunstancias, menos susceptibles a la oxidación.

Un modo claro de visualizar esta división es mediante la siguiente tabla:

Clasificación	Ejemplos	Características relevantes para la limpieza
Metales ferrosos	Acero, hierro fundido	Alta dureza, riesgo de óxido, requieren protección anticorrosiva
Metales no ferrosos	Aluminio, cobre, latón, zinc, níquel	Más ligeros, sensibles a productos ácidos o abrasivos, algunos generan pátinas protectoras

Fig. 1. Cuando se trabaja con acero inoxidable, un caso especial dentro de los ferrosos es importante saber que su resistencia a la corrosión se debe a la presencia de cromo, que forma una película protectora

Sin embargo, un mal uso de productos químicos puede dañar esa película y generar manchas.

En determinados contextos también se diferencia entre **metales preciosos** y **metales comunes**:

- Los **preciosos** (como el oro, la plata o el platino) se utilizan en acabados, elementos decorativos y superficies de alto valor estético. Suelen resistir bien la oxidación, pero pueden rayarse fácilmente si se emplean utensilios inadecuados.
- Los **comunes** se encuentran en la mayoría de instalaciones y mobiliario, y requieren un mantenimiento periódico para evitar la pérdida de brillo o la corrosión.

 Ejemplo

Un ejemplo útil lo encontramos en las barandillas de aluminio frente a las estructuras de hierro forjado:

- El aluminio es ligero y resistente, pero al limpiarlo debe evitarse el uso de productos alcalinos fuertes, ya que podrían deteriorar la superficie.
- El hierro forjado, por el contrario, necesita una limpieza periódica y aplicación de protectores antioxidantes para evitar que el óxido se extienda y comprometa la estructura.

En términos prácticos, conviene recordar que cada metal responde de forma diferente a la acción de productos como desengrasantes, ácidos o abrasivos. Por esta razón, la correcta clasificación es el primer paso para garantizar un procedimiento de limpieza seguro y eficaz.

2. Métodos de limpieza de superficies metálicas

La elección del método de limpieza depende del tipo de metal, el grado de suciedad y el entorno en el que se encuentra la superficie. No existe un procedimiento único, sino que se deben seleccionar técnicas que respeten la naturaleza del material y eviten su deterioro.

En general, se pueden distinguir cuatro grandes enfoques de limpieza:

1. **Limpieza mecánica**: Se basa en la acción física sobre la superficie. Incluye operaciones como cepillado, lijado o pulido. Se utiliza principalmente para eliminar **óxido, pintura deteriorada o incrustaciones sólidas**.
   o **Ventaja**: permite una eliminación rápida de suciedad persistente.
   o **Riesgo**: si se usan cepillos metálicos o abrasivos inadecuados, pueden rayar la superficie o eliminar capas protectoras.

Ejemplo

En el caso de una barandilla de hierro oxidada, el lijado controlado permite retirar el óxido antes de aplicar una pintura antioxidante.

2. **Limpieza química**: Emplea productos específicos (detergentes neutros, ácidos suaves, desoxidantes o desengrasantes) que disuelven la suciedad.
   o Los **metales ferrosos** suelen tratarse con productos anticorrosivos y pasivadores.
   o Los **no ferrosos** (como aluminio o cobre) requieren productos poco agresivos, ya que los ácidos fuertes pueden corroer la superficie.

   La limpieza química siempre debe acompañarse de un enjuague abundante con agua y un secado adecuado para evitar que los residuos químicos aceleren la corrosión.

Ejemplo

Para recuperar el brillo de un fregadero de acero inoxidable se emplean limpiadores con base de ácido cítrico, evitando productos clorados que podrían dañarlo.

3. **Limpieza electroquímica**: Se basa en reacciones controladas mediante corriente eléctrica, como la **electrolisis,** que permite retirar capas de óxido o sulfuros de metales sin afectar la base. Es un método especializado que se aplica sobre todo en **restauración de piezas delicadas** o en entornos industriales.

Ejemplo

La restauración de monedas antiguas de cobre o plata suele realizarse con baños electrolíticos para eliminar la pátina oscura sin desgaste físico.

4. **Limpieza con proyección de partículas**: Consiste en proyectar materiales (arena, microesferas de vidrio, bicarbonato sódico) a alta presión sobre la superficie metálica.

   o Se usa principalmente en estructuras metálicas grandes (puentes, depósitos, maquinaria industrial).

   o Puede adaptarse en intensidad: desde la **arenado agresivo** hasta el **microarenado delicado**.

Este método requiere equipos especializados y protección personal estricta, ya que genera polvo y residuos que pueden ser peligrosos para la salud.

Ejemplo

La limpieza de vigas metálicas en naves industriales se realiza mediante chorro de arena antes de aplicar tratamientos protectores.

3. Maquinaria y utensilios en la limpieza de superficies metálicas

La elección de la maquinaria y los utensilios adecuados es tan importante como la selección del método de limpieza. Cada herramienta aporta un nivel distinto de eficacia y seguridad, por lo que debe adaptarse tanto al tipo de metal como a la suciedad que se desea eliminar.

Podemos dividir los recursos en tres categorías principales: utensilios manuales, maquinaria eléctrica y equipos especializados.

En primer lugar, los utensilios manuales resultan básicos para trabajos sencillos o de mantenimiento periódico:

- **Cepillos de cerdas naturales o sintéticas**: se utilizan para retirar polvo, partículas sueltas o suciedad ligera.
- **Cepillos metálicos**: adecuados para eliminar óxido superficial en hierros o aceros, aunque deben usarse con cuidado para no dañar la superficie.
- **Lijas y esponjas abrasivas**: permiten pulir o suavizar superficies con corrosión ligera.
- **Paños de microfibra**: idóneos para la limpieza de acero inoxidable, aluminio o superficies pulidas, evitando rayaduras.

Ejemplo

La limpieza de pomos de latón en puertas interiores suele realizarse con un paño de microfibra y un producto específico, reservando el cepillo para zonas donde haya suciedad incrustada.

En segundo lugar, la maquinaria eléctrica y de apoyo amplía las posibilidades en superficies extensas o con suciedad más persistente:

- **Pulidoras y abrillantadoras**: utilizadas para recuperar brillo en acero inoxidable o aluminio.

- **Taladros con cepillos adaptados**: permiten una limpieza mecánica más rápida en piezas pequeñas de hierro o acero.
- **Hidrolimpiadoras a presión**: aplicadas en estructuras exteriores (barandillas, rejas, mobiliario urbano), eficaces para eliminar suciedad adherida y restos de pintura.

Fig. 3. Al usar hidrolimpiadoras en metales pintados, se debe regular la presión para no desprender el recubrimiento protector de forma innecesaria

En tercer lugar, los **equipos especializados** se emplean en contextos más exigentes o industriales:

- **Cabinas de chorro de arena o microesferas**: permiten limpiar superficies metálicas extensas con gran eficacia, especialmente antes de aplicar tratamientos anticorrosivos.
- **Equipos de chorreado con bicarbonato**: alternativa menos agresiva para metales delicados, muy útil en restauración.
- **Sistemas de ultrasonidos**: adecuados para piezas metálicas pequeñas y complejas, como engranajes, válvulas o componentes electrónicos, donde los métodos manuales no alcanzan.

Una forma práctica de resumir las aplicaciones de cada herramienta es mediante una tabla comparativa:

Tipo de recurso	Ejemplos	Usos principales	Precauciones
Utensilios manuales	Cepillos, lijas, paños de microfibra	Limpieza ligera, mantenimiento	Evitar abrasivos en metales delicados
Maquinaria eléctrica	Pulidoras, hidrolimpiadoras, taladros	Grandes superficies, suciedad incrustada	Controlar la presión y velocidad
Equipos especializados	Cabinas de chorro, ultrasonidos	Limpieza industrial, piezas delicadas	Requiere formación y EPIs adecuados

Anotación

En la práctica, es habitual combinar utensilios manuales y maquinaria eléctrica en una misma intervención. Por ejemplo, una reja de hierro exterior puede limpiarse con cepillo metálico manual en zonas concretas, seguido de hidrolimpiadora a presión y, finalmente, un lijado con pulidora antes de aplicar el protector antioxidante.

Resumen

Las superficies metálicas se encuentran presentes en múltiples entornos, desde elementos estructurales y decorativos hasta mobiliario urbano y componentes industriales. Para garantizar su conservación y funcionalidad es imprescindible conocer los diferentes tipos de metales, ya que cada uno responde de manera distinta a los agentes de limpieza. Los metales ferrosos, como el hierro o el acero, se caracterizan por su resistencia, pero también por su elevada susceptibilidad a la oxidación, mientras que los no ferrosos, como el aluminio, el cobre o el latón, suelen ser más ligeros y menos propensos a la corrosión, aunque sensibles a productos agresivos. Una categoría aparte son los metales preciosos, que destacan por su resistencia a la oxidación pero que requieren un cuidado especial frente a rayaduras.

La elección del método de limpieza depende tanto del tipo de metal como de la naturaleza de la suciedad. La limpieza mecánica —mediante cepillado, lijado o pulido— es eficaz contra óxido o pintura deteriorada, aunque puede dañar si se aplica de forma inadecuada. La limpieza química, a través de detergentes, ácidos suaves o desoxidantes, resulta útil para manchas y grasas, pero exige un enjuague y secado correctos para evitar corrosión acelerada. La limpieza electroquímica, como la electrolisis, se reserva a restauraciones y piezas delicadas, mientras que la limpieza por proyección de partículas se emplea en grandes superficies metálicas para eliminar óxidos o recubrimientos antes de aplicar protectores.

La eficacia de estos métodos depende en gran medida del uso de la maquinaria y utensilios apropiados. Entre los más comunes se encuentran los cepillos manuales, lijas y paños de microfibra para tareas de mantenimiento; pulidoras, hidrolimpiadoras y taladros con cepillos adaptados para trabajos más intensivos; y equipos especializados como cabinas de chorro de arena, sistemas de bicarbonato proyectado o ultrasonidos para contextos industriales y de restauración. La elección adecuada de estas herramientas, unida a la correcta aplicación de productos y medidas de seguridad, asegura no solo un resultado óptimo en la limpieza, sino también la prolongación de la vida útil de las superficies metálicas.

Glosario

Acero inoxidable

Aleación de hierro con cromo que genera una capa protectora frente a la oxidación. Muy utilizado en superficies expuestas a la humedad.

Cepillo metálico

Herramienta manual utilizada para eliminar óxido y suciedad incrustada en superficies ferrosas. Puede dañar metales delicados si se usa de forma inadecuada.

Chorro de partículas

Proyección de arena, microesferas o bicarbonato a alta presión sobre la superficie metálica para retirar pintura, óxido o incrustaciones.

Corrosión

Degradación progresiva de un metal debido a la acción de agentes químicos o ambientales. Puede afectar tanto a metales ferrosos como no ferrosos.

Hidrolimpiadora

Equipo que proyecta agua a presión sobre superficies metálicas para eliminar suciedad, grasa o pintura deteriorada.

Limpieza electroquímica

Técnica que utiliza corriente eléctrica (electrólisis) para limpiar metales delicados, eliminando óxidos o sulfuros sin desgaste físico.

Limpieza mecánica

Método basado en la acción física, como cepillado, lijado o pulido, para retirar suciedad, óxido o recubrimientos.

Limpieza química

Procedimiento que emplea productos detergentes, ácidos o desoxidantes para eliminar manchas, grasas o depósitos adheridos al metal.

Metal ferroso

Metal que contiene hierro en su composición, como el acero o el hierro fundido. Es resistente, pero se oxida fácilmente en contacto con la humedad y el oxígeno.

Metal no ferroso

Metal que no contiene hierro como base, como el aluminio, cobre, latón o zinc. Suelen ser más ligeros y resistentes a la corrosión, aunque pueden dañarse con productos químicos agresivos.

Óxido

Producto de la reacción química entre un metal ferroso, el oxígeno y la humedad. Se manifiesta como una capa rojiza o marrón que deteriora la superficie.

Pulidora

Máquina eléctrica que recupera el brillo de superficies metálicas, especialmente de acero inoxidable o aluminio.

Ultrasonidos

Tecnología que utiliza vibraciones de alta frecuencia en un líquido para limpiar piezas metálicas pequeñas y de formas complejas.

Ejercicios de autoevaluación

1. ¿Cuál es la principal característica de los metales ferrosos?

a. Contienen hierro y pueden corroerse con facilidad.

b. Son ligeros y no se oxidan.

c. Son muy maleables y no necesitan protección.

d. No requieren mantenimiento preventivo.

2. ¿Qué metal se considera un caso especial dentro de los ferrosos por su resistencia a la corrosión?

a. Hierro fundido.

b. Acero inoxidable.

c. Latón.

d. Cobre.

3. ¿Qué tipo de metales incluyen al cobre, aluminio o latón?

a. Ferrosos.

b. Aleaciones ferrosas.

c. No ferrosos.

d. Preciosos.

4. La limpieza mecánica se caracteriza por:

a. El uso de productos químicos suaves.

b. La acción física como cepillado o lijado.

c. La aplicación de ultrasonidos.

d. El uso de electrolisis.

5. **¿Qué riesgo puede conllevar el uso de cepillos metálicos en metales delicados?**

    a. Mejorar su brillo.

    b. Provocar rayaduras y eliminar capas protectoras.

    c. Acelerar el secado.

    d. Aumentar la resistencia mecánica.

6. **La limpieza química en aluminio debe evitar:**

    a. El uso de detergentes neutros.

    b. El empleo de paños de microfibra.

    c. La aplicación de ácidos o productos alcalinos fuertes.

    d. El uso de agua en el enjuague final.

7. **¿En qué contexto se emplea habitualmente la limpieza electrolítica?**

    a. En la restauración de piezas delicadas.

    b. En la eliminación de polvo superficial.

    c. En grandes superficies metálicas.

    d. En el pulido con abrillantadora.

8. **¿Qué método consiste en proyectar materiales abrasivos a alta presión sobre el metal?**

    a. Limpieza química.

    b. Limpieza electroquímica.

    c. Limpieza mecánica.

    d. Limpieza con proyección de partículas.

9. **¿Cuál de los siguientes utensilios manuales es más adecuado para evitar rayaduras en acero inoxidable?**

   a. Cepillo metálico.

   b. Lija de grano grueso.

   c. Cepillo de púas duras.

   d. Paño de microfibra.

10. **¿Qué maquinaria se utiliza para recuperar brillo en superficies de acero inoxidable?**

    a. Hidrolimpiadora.

    b. Pulidora o abrillantadora.

    c. Cabina de chorro de arena.

    d. Cepillo manual.

U. A. 7. Limpieza de aparatos informáticos

Introducción

En la actualidad, los aparatos informáticos y ofimáticos (ordenadores, impresoras, fotocopiadoras, teclados, pantallas, etc.) constituyen herramientas esenciales en cualquier entorno laboral. Su uso intensivo provoca la acumulación de polvo, suciedad y agentes contaminantes que no solo deterioran su apariencia, sino que también afectan a su rendimiento, reducen su vida útil y ponen en riesgo la salud de los usuarios, al convertirse en focos de bacterias y alérgenos.

La limpieza adecuada de estos equipos requiere el empleo de técnicas específicas, así como de productos y utensilios apropiados, que aseguren tanto la correcta higienización como la protección de los componentes electrónicos. Esta unidad aborda la importancia de mantener los equipos en condiciones óptimas, los métodos más eficaces y los materiales necesarios para realizar estas tareas de manera profesional, segura y respetuosa con la tecnología.

Objetivos

- Reconocer la importancia de la limpieza y el mantenimiento de los aparatos informáticos en entornos laborales.
- Identificar los principales riesgos derivados de la acumulación de polvo y suciedad en equipos ofimáticos.
- Aplicar los métodos adecuados de limpieza según el tipo de aparato (ordenadores, impresoras, pantallas, etc.).
- Seleccionar la maquinaria, utensilios y productos específicos para la limpieza segura de estos equipos.
- Adoptar medidas de prevención y buenas prácticas que eviten daños en los dispositivos y garanticen la seguridad del personal de limpieza.

1. Importancia de la limpieza de aparatos ofimáticos

El uso cotidiano de aparatos ofimáticos como ordenadores, impresoras, teléfonos, proyectores o fotocopiadoras genera una acumulación constante de polvo, restos de papel, partículas ambientales y huellas de contacto. Esta suciedad no solo afecta a la apariencia estética del equipo, sino que repercute directamente en su funcionalidad y durabilidad.

Fig. 1. Un teclado lleno de partículas puede provocar fallos en las teclas, mientras que un ventilador bloqueado por polvo reduce la ventilación y aumenta el riesgo de sobrecalentamiento.

Resulta fundamental comprender que estos equipos suelen encontrarse en espacios cerrados, donde la ventilación no siempre es adecuada. En consecuencia, el polvo y la suciedad tienden a acumularse en zonas sensibles como ranuras de ventilación, conexiones eléctricas o lentes ópticas, comprometiendo tanto la seguridad como la eficacia de los aparatos.

En la práctica, se observan varias razones por las cuales la limpieza de aparatos ofimáticos es esencial:

1. **Mantenimiento del rendimiento**: los equipos limpios funcionan de manera más estable y rápida.
2. **Prevención de averías**: la acumulación de suciedad puede provocar cortocircuitos o atascos mecánicos.

3. **Higiene laboral**: teclados, ratones y teléfonos son superficies de contacto directo y pueden albergar bacterias.

4. **Imagen profesional**: un entorno de trabajo cuidado transmite orden y profesionalidad.

5. **Ahorro económico**: prolongar la vida útil de los aparatos reduce costes en reparaciones o sustituciones.

Para visualizar mejor la relación entre la limpieza y sus efectos, puede verse la siguiente tabla comparativa:

Aspecto	Sin limpieza regular	Con limpieza adecuada
Rendimiento técnico	Fallos recurrentes, lentitud, sobrecalentamiento	Funcionamiento fluido y estable
Vida útil	Reducción significativa por averías tempranas	Prolongación de la duración de los equipos
Salud laboral	Acumulación de bacterias y polvo, riesgo de alergias	Disminución de agentes patógenos y mejor calidad del aire
Imagen de la empresa	Descuido y poca profesionalidad	Entorno ordenado y profesional
Costes de mantenimiento	Reparaciones frecuentes y sustituciones costosas	Ahorro en costes y menos interrupciones laborales

 Ejemplo

Un ejemplo cotidiano que ilustra esta importancia se encuentra en las impresoras de oficina. Cuando no se limpian con regularidad, los rodillos de arrastre acumulan restos de papel y polvo de tóner, lo que provoca atascos frecuentes. Esta situación retrasa la producción, genera molestias a los trabajadores y eleva los costes de asistencia técnica. En cambio, una limpieza periódica con productos y métodos adecuados garantiza un funcionamiento constante y fiable.

Fig. 2. En entornos donde el personal comparte el uso de teclados y ratones, como en aulas de informática, locutorios o espacios de coworking, la limpieza adquiere también una dimensión sanitaria

Anotación

La acumulación de restos orgánicos y sudor favorece la proliferación de bacterias y hongos, lo que puede derivar en contagios de resfriados, infecciones cutáneas u otras molestias entre los usuarios.

2. Métodos de limpieza de aparatos ofimáticos

La limpieza de los equipos ofimáticos requiere **métodos específicos** que aseguren la eliminación eficaz de la suciedad sin dañar los componentes electrónicos ni alterar su funcionamiento.

Fig. 3. A diferencia de otras superficies, los aparatos informáticos son delicados y reaccionan negativamente al uso inadecuado de productos químicos, a la humedad excesiva o a las técnicas de limpieza agresivas

Para entender la diversidad de procedimientos, conviene distinguir entre limpieza externa y limpieza interna, además de considerar las medidas de seguridad necesarias antes de intervenir en cada equipo.

En la práctica, los métodos más habituales incluyen los siguientes:

1. **Desconexión y seguridad previa:**
   o Siempre se debe apagar el aparato y desconectarlo de la corriente.
   o En equipos con batería extraíble, se recomienda retirarla.
   o Se evitan riesgos eléctricos y posibles cortocircuitos durante la limpieza.

2. **Limpieza en seco:**
   o Uso de paños de microfibra para retirar polvo superficial.
   o Aplicación de aire comprimido en ranuras, teclados y ventiladores para expulsar partículas.
   o Brochas antiestáticas para limpiar zonas de difícil acceso sin generar electricidad estática.

3. **Limpieza con productos específicos:**
   o Empleo de líquidos limpiadores diseñados para pantallas, teclados o superficies plásticas.
   o Aplicación indirecta: el producto nunca debe aplicarse directamente sobre el dispositivo, sino sobre el paño.
   o Uso de toallitas desinfectantes con bajo contenido en alcohol para eliminar gérmenes sin dañar las superficies.

4. **Limpieza de pantallas y superficies ópticas:**
   o Paños de microfibra que no rayen la superficie.
   o Líquidos especiales para pantallas LCD, LED o de cristal.
   o Evitar productos con amoniaco o disolventes fuertes que deterioran la capa protectora.

5. **Limpieza interna básica:**
   o Se limita a profesionales o personal capacitado.

- o Incluye aspirado con equipos de baja potencia o soplado con aire seco.
- o Permite eliminar acumulaciones de polvo en ventiladores, fuentes de alimentación o placas electrónicas.

Para ilustrar estas diferencias, se puede observar el siguiente esquema comparativo:

Tipo de limpieza	Procedimiento	Herramientas principales	Riesgos si se hace mal
Externa	Retirada de polvo, huellas y suciedad superficial	Paños de microfibra, aire comprimido, toallitas	Arañazos, manchas permanentes, humedad excesiva
Pantallas	Limpieza delicada de superficies ópticas	Paños de microfibra, líquidos específicos	Daños en la capa protectora, pérdida de nitidez
Interna	Eliminación de polvo acumulado en componentes	Aire seco, aspirado de baja potencia	Cortocircuitos, daños en placas, pérdida de garantía
Desinfección	Eliminación de bacterias y gérmenes en superficies de contacto	Toallitas desinfectantes, sprays de uso seguro	Deterioro de plásticos o teclas si se usan químicos fuertes

Ejemplo

Un ejemplo muy frecuente se da en los teclados compartidos. La acumulación de polvo, restos de comida y sudor en las teclas genera no solo un problema estético, sino funcional: teclas que no responden o quedan atascadas. El método más seguro es la combinación de aire comprimido para expulsar las partículas entre las teclas, seguido de un paño ligeramente humedecido con limpiador específico.

En el caso de las pantallas de ordenador, el error más común es aplicar limpiadores domésticos con amoniaco (como algunos limpiacristales), lo que provoca manchas permanentes y deterioro de la capa antirreflejo.

Fig. 4. La solución es utilizar únicamente líquidos especiales para pantallas electrónicas y aplicarlos con un paño de microfibra limpio

3. Maquinaria, utensilios y productos en la limpieza de aparatos ofimáticos

La elección de la maquinaria, utensilios y productos adecuados es determinante para garantizar una limpieza eficaz y segura de los equipos ofimáticos. El uso de herramientas inadecuadas puede causar daños irreparables en los dispositivos, reducir su vida útil e incluso generar riesgos eléctricos.

Se pueden clasificar los recursos de limpieza en tres grandes categorías:

1. **Maquinaria específica:**
   - **Compresores de aire portátil**: expulsan el polvo acumulado en teclados, ranuras de ventilación y ventiladores.
   - **Aspiradores de baja potencia y antiestáticos**: diseñados para uso en equipos electrónicos, permiten retirar polvo sin generar electricidad estática.
   - **Lámparas de luz ultravioleta (UV-C)**: en determinados entornos se utilizan para desinfección superficial, aunque su uso requiere protocolos de seguridad.

2. **Utensilios de limpieza manual:**

   o **Paños de microfibra**: eliminan polvo y huellas sin rayar ni desprender pelusa.

   o **Brochas antiestáticas**: ideales para esquinas, teclados y conexiones.

   o **Guantes de vinilo o nitrilo**: protegen tanto al operario como al equipo frente a la grasa de las manos.

   o **Bastoncillos de algodón sin pelusa**: empleados para limpiar conectores o zonas de difícil acceso.

3. **Productos químicos y de mantenimiento:**

   o **Limpiadores específicos para pantallas**: libres de alcohol fuerte, amoniaco o disolventes.

   o **Toallitas desinfectantes con bajo contenido en alcohol**: eliminan bacterias sin deteriorar plásticos.

   o **Geles limpiadores para teclados**: compuestos adhesivos que atrapan partículas entre las teclas.

   o **Soluciones antiestáticas**: reducen la atracción de polvo en monitores y carcasas.

La siguiente tabla muestra la relación entre cada recurso y su función principal:

Recurso	Función principal	Precauciones
Compresor de aire	Eliminar polvo en teclados y ventiladores	No usar aire húmedo, evitar contacto directo con placas
Aspirador antiestático	Retirada de polvo interno sin dañar circuitos	Mantener baja potencia para no dañar componentes
Paño de microfibra	Limpieza de pantallas y superficies plásticas	No usar con productos abrasivos
Brocha antiestática	Retirada de polvo en teclas, ranuras y conexiones	Evitar brochas comunes que generan estática
Toallitas desinfectantes	Higienización de teclados, ratones y teléfonos	Usar fórmulas suaves para no deteriorar plásticos
Gel limpiador para teclados	Atrapar polvo y restos en espacios estrechos	No reutilizar, desechar tras su uso
Soluciones antiestáticas	Reducir atracción de polvo en carcasas	Aplicar con paño, nunca directamente sobre el equipo

Ejemplo

Un ejemplo muy práctico se observa en el uso del aire comprimido para limpiar teclados. Muchos usuarios optan por soplar directamente con la boca, lo que introduce humedad y favorece la corrosión. El empleo de botes de aire comprimido diseñados para informática resuelve este problema, siempre que se utilicen en posición vertical y con ráfagas cortas.

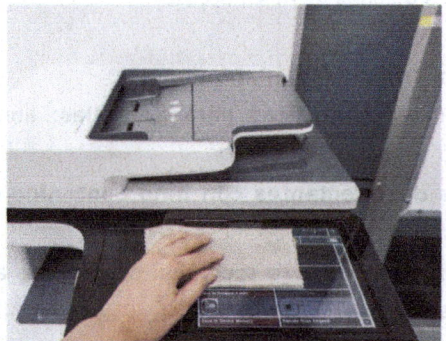

Fig. 5. En el caso de las pantallas táctiles, cada vez más frecuentes en oficinas y centros de atención al público, los limpiadores específicos en spray o toallitas resultan imprescindibles

Estos productos eliminan huellas y bacterias sin dejar residuos ni afectar la sensibilidad táctil de la superficie.

También es importante destacar que no todos los productos domésticos son adecuados. Por ejemplo, los **limpiacristales convencionales** pueden deteriorar el recubrimiento antirreflejo de un monitor o dejar manchas en pantallas LCD. Por ello, se deben emplear siempre fórmulas diseñadas para equipos electrónicos.

Resumen

La limpieza de aparatos ofimáticos como ordenadores, impresoras, teclados o pantallas resulta esencial tanto por razones de mantenimiento técnico como de higiene laboral. Estos dispositivos acumulan polvo, restos de papel y bacterias en zonas de contacto frecuente, lo que reduce su rendimiento, acorta su vida útil y puede convertirse en un foco de contagio entre usuarios. Mantenerlos en condiciones óptimas garantiza un mejor funcionamiento, previene averías costosas y proyecta una imagen profesional más cuidada en el entorno de trabajo.

El procedimiento de limpieza debe comenzar siempre por la desconexión y seguridad previa del equipo para evitar riesgos eléctricos. Una vez apagados, los métodos más habituales son la limpieza en seco, mediante aire comprimido o brochas antiestáticas, y la limpieza con productos específicos, como líquidos para pantallas o toallitas desinfectantes de bajo contenido en alcohol. En el caso de pantallas y superficies ópticas, se emplean paños de microfibra y soluciones diseñadas para equipos electrónicos, evitando limpiadores domésticos con amoniaco que deterioran la capa protectora.

La limpieza interna es más delicada y debe realizarse solo con herramientas adecuadas, como aspiradores antiestáticos de baja potencia o aire seco. Estas técnicas permiten retirar el polvo de ventiladores, fuentes de alimentación y ranuras sin poner en riesgo los componentes electrónicos. En entornos compartidos, la desinfección cobra especial importancia para prevenir la transmisión de bacterias a través de teclados, ratones y teléfonos.

El uso de maquinaria, utensilios y productos apropiados es determinante para asegurar la eficacia del proceso. Entre los más habituales se encuentran compresores de aire, aspiradores específicos, paños de microfibra, brochas antiestáticas y bastoncillos sin pelusa. En cuanto a productos, se emplean limpiadores para pantallas, geles atrapapolvo para teclados y soluciones antiestáticas que reducen la atracción de partículas. La clave está en seleccionar materiales diseñados específicamente para equipos electrónicos, evitando productos domésticos que puedan causar daños.

En conjunto, la limpieza de aparatos ofimáticos no solo prolonga la vida útil de los equipos y evita interrupciones en la actividad laboral, sino que también contribuye al bienestar y la salud de los trabajadores. Se trata de una tarea que combina criterios técnicos, de seguridad y de higiene, y que requiere conocimientos básicos sobre los métodos y productos adecuados para realizarse de forma profesional.

Glosario

Aire comprimido

Herramienta en bote o compresor que expulsa aire seco a presión, empleada para eliminar polvo en teclados, ventiladores y ranuras de difícil acceso.

Aparatos ofimáticos

Conjunto de equipos utilizados en oficinas para tareas administrativas y de gestión, como ordenadores, impresoras, teléfonos, proyectores o fotocopiadoras.

Aspirador antiestático

Dispositivo de baja potencia que extrae polvo acumulado en el interior de equipos electrónicos sin riesgo de descargas eléctricas.

Brocha antiestática

Utensilio de limpieza con fibras diseñadas para retirar polvo sin generar electricidad estática que pueda dañar los componentes electrónicos.

Desconexión previa

Acción de apagar y desenchufar los equipos antes de iniciar la limpieza, esencial para garantizar la seguridad y evitar cortocircuitos.

Gel limpiador para teclados

Sustancia adhesiva que se aplica sobre el teclado para atrapar polvo y restos entre las teclas.

Microfibra

Tipo de tejido muy fino y suave que no raya las superficies ni desprende pelusa, utilizado en la limpieza de pantallas y carcasas.

Pantallas LCD/LED

Superficies de visualización en equipos electrónicos que requieren limpiadores específicos, libres de amoniaco o alcohol fuerte.

Soluciones antiestáticas

Productos líquidos aplicados sobre carcasas o superficies plásticas que reducen la atracción de polvo por electricidad estática.

Toallitas desinfectantes

Paños impregnados con soluciones de limpieza de bajo contenido en alcohol, empleados para eliminar bacterias y virus en teclados, ratones y teléfonos.

Ejercicios de autoevaluación

1. **¿Cuál es una de las principales razones para realizar la limpieza periódica de aparatos ofimáticos?**

   a. Mejorar la estética del lugar de trabajo.

   b. Mantener el rendimiento y prevenir averías.

   c. Evitar el uso compartido de los equipos.

   d. Reducir el consumo de electricidad.

2. **¿Qué superficie de los equipos suele acumular mayor cantidad de bacterias por contacto frecuente?**

   a. Teclados y ratones.

   b. Pantallas LCD.

   c. Carcasas externas.

   d. Ventiladores internos.

3. **¿Qué debe hacerse siempre antes de iniciar la limpieza de un equipo ofimático?**

   a. Aplicar desinfectante directamente.

   b. Probar el funcionamiento del equipo.

   c. Apagar y desconectar de la corriente.

   d. Retirar todas las piezas del dispositivo.

4. **¿Qué tipo de limpieza es adecuada para ranuras de ventilación y teclados?**

   a. Uso de paños húmedos.

   b. Limpieza en seco con aire comprimido.

   c. Aplicación de disolventes.

   d. Limpieza con esponjas húmedas.

5. ¿Cuál de los siguientes productos está específicamente recomendado para pantallas electrónicas?

a. Limpiacristales con amoniaco.

b. Alcohol de uso industrial.

c. Líquidos especiales para pantallas LCD o LED.

d. Jabón diluido en agua.

6. ¿Qué error común deteriora la capa antirreflejo de las pantallas?

a. Usar limpiadores domésticos con amoniaco.

b. Pasar un paño seco.

c. Utilizar aire comprimido en ráfagas cortas.

d. Limpiar con microfibra.

7. ¿Qué tipo de aspirador se utiliza para retirar polvo en el interior de los equipos electrónicos?

a. Aspirador de agua.

b. Aspirador de alta potencia.

c. Aspirador antiestático de baja potencia.

d. Aspirador doméstico convencional.

8. ¿Qué utensilio manual permite retirar polvo de teclas y ranuras sin dañar el equipo?

a. Estropajo suave.

b. Brocha antiestática.

c. Esponja húmeda.

d. Papel absorbente.

9. **¿Qué se recomienda al aplicar líquidos limpiadores en equipos informáticos?**

   a. Verterlos directamente sobre el dispositivo.

   b. Usar abundante cantidad de producto.

   c. No utilizar nunca productos líquidos.

   d. Aplicarlos primero sobre el paño de microfibra.

10. **¿Qué función tiene el uso de soluciones antiestáticas en la limpieza de equipos?**

    a. Reducir la atracción de polvo en las superficies.

    b. Desinfectar bacterias.

    c. Lubricar las partes móviles.

    d. Eliminar restos de grasa.

U. A. 8. Limpieza de pantallas de cine

Introducción

Las pantallas de cine constituyen un elemento esencial en la proyección audiovisual, ya que de su correcta conservación depende en gran medida la calidad de la imagen que percibe el espectador. La acumulación de polvo, suciedad o manchas en la superficie puede alterar el reflejo de la luz, generar defectos visuales y reducir la vida útil de la instalación. Por ello, la limpieza de pantallas de cine requiere procedimientos específicos, productos adecuados y el uso de utensilios que garanticen la eliminación eficaz de residuos sin dañar el material.

Esta unidad aborda la importancia de mantener en condiciones óptimas las pantallas, los métodos recomendados para su limpieza y el equipamiento necesario para llevar a cabo estas operaciones de manera segura, eficaz y respetuosa con las características técnicas de cada superficie.

Objetivos

- Comprender la relevancia de la limpieza de pantallas de cine para garantizar la calidad de las proyecciones.
- Identificar los métodos de limpieza más adecuados en función del tipo de superficie de la pantalla.
- Seleccionar la maquinaria, utensilios y productos específicos que deben emplearse en la limpieza de pantallas de cine.
- Aplicar procedimientos de limpieza que aseguren la preservación de las propiedades ópticas y la durabilidad de la pantalla.
- Adoptar medidas de seguridad y prevención de riesgos durante la realización de estas tareas.

1. Importancia de la limpieza de pantallas de cine

El mantenimiento de las pantallas de cine no se limita a un aspecto estético, sino que constituye un factor determinante en la calidad de la proyección. Una pantalla en mal estado afecta de manera directa a la experiencia del espectador, ya que las partículas de polvo, manchas o marcas reducen la nitidez de la imagen y alteran la uniformidad de la luz proyectada.

En este tipo de instalaciones, donde se busca reproducir la realidad de la forma más fiel posible, la superficie de la pantalla actúa como un soporte de reflexión controlada. Si la suciedad modifica esa capacidad, se pueden generar efectos indeseados como sombras, brillos irregulares o pérdida de contraste.

Para comprender la magnitud de este problema, se puede observar la relación entre el estado de la pantalla y la percepción visual del público:

Estado de la pantalla	Efectos en la proyección	Consecuencia para el espectador
Limpia y uniforme	Reflexión homogénea de la luz	Imagen clara, nítida y con contraste
Polvo superficial	Dispersión de la luz	Ligera pérdida de definición
Manchas o salpicaduras	Zonas oscuras o brillantes	Distracciones visuales, menor realismo
Suciedad acumulada	Disminución global de la reflectancia	Imagen apagada, sensación de baja calidad

Fig. 1. Cuando la pantalla no recibe un tratamiento de limpieza adecuado, no solo se afecta la proyección, sino también la durabilidad del material

Las partículas acumuladas pueden deteriorar el revestimiento superficial, especialmente en pantallas con acabados perlados o metálicos, diseñadas para optimizar la difusión de la luz.

Ejemplo

Un ejemplo frecuente en salas de cine es la aparición de manchas de grasa producidas por huellas dactilares al manipular la pantalla durante trabajos técnicos. Aunque puedan parecer insignificantes, estas marcas generan diferencias de brillo muy visibles en escenas oscuras o con contrastes elevados.

Además, la limpieza de pantallas de cine tiene un componente preventivo en materia de seguridad. El polvo acumulado puede combinarse con la humedad del ambiente y favorecer la proliferación de microorganismos, lo cual compromete la higiene del espacio. Por esta razón, muchos cines incorporan planes de limpieza periódica con personal especializado, garantizando así la máxima calidad visual y un entorno saludable para el público.

2. Método de limpieza de pantallas de cine

La limpieza de pantallas de cine exige un **método específico** que asegure la eliminación de suciedad sin dañar la superficie.

Fig. 2. A diferencia de otras superficies, no se trata únicamente de retirar polvo: las pantallas están recubiertas con materiales delicados que potencian la reflectancia y que pueden verse afectados por productos inadecuados o técnicas demasiado agresivas

El procedimiento recomendado suele desarrollarse en fases ordenadas que permiten actuar de manera progresiva:

1. **Inspección visual previa.** Antes de iniciar la limpieza, se revisa la superficie completa para identificar manchas, zonas de acumulación de polvo o posibles daños estructurales. Esta inspección también ayuda a decidir si es necesaria una limpieza ligera o una intervención más profunda.

2. **Retirada de polvo superficial.** Se emplean sistemas de aspiración con filtros HEPA o paños de microfibra antiestáticos. Esta primera acción evita que las partículas de polvo se adhieran más durante el proceso húmedo.

En pantallas de gran formato, como las utilizadas en cines IMAX, se utilizan equipos de aspiración con boquillas anchas y movimientos uniformes de arriba hacia abajo para garantizar que no queden franjas irregulares.

3. **Aplicación de solución de limpieza.** En caso de manchas, se utilizan soluciones acuosas específicas con bajo contenido en agentes químicos. Es importante pulverizar la solución sobre un paño o esponja, nunca directamente sobre la pantalla, para evitar saturación en un punto.

4. **Limpieza localizada.** Las manchas se eliminan mediante movimientos circulares suaves y controlados, aplicando la mínima presión posible para no deteriorar el revestimiento superficial.

5. **Secado inmediato.** Tras la limpieza húmeda, se pasa un paño seco de microfibra para retirar restos de humedad y prevenir marcas.

6. **Verificación final.** Una vez completado el proceso, se enciende el proyector para comprobar la uniformidad de la imagen y verificar que no han quedado residuos o irregularidades.

Anotación

Cuando la pantalla requiere una limpieza intensiva, es común recurrir a empresas especializadas, ya que cuentan con productos certificados por los fabricantes y con herramientas diseñadas para tratar superficies de gran extensión sin generar deformaciones.

En este proceso, también conviene señalar las **acciones que deben evitarse**, puesto que son causa frecuente de deterioro:

- No aplicar limpiadores abrasivos, disolventes o alcoholes, ya que eliminan la capa reflectante.
- No utilizar cepillos duros ni esponjas abrasivas.
- No frotar en exceso las manchas, ya que puede provocar pérdida de textura en la superficie.

Una forma de resumir estas indicaciones es distinguir entre prácticas recomendadas y prohibidas:

Prácticas recomendadas	Prácticas prohibidas
Aspiración con filtro HEPA	Uso de disolventes agresivos
Paños de microfibra antiestática	Frotado excesivo de manchas
Aplicación indirecta de solución de limpieza	Pulverizar directamente sobre la pantalla
Movimientos suaves y uniformes	Cepillos duros o abrasivos
Secado inmediato con paño limpio	Dejar restos de humedad

Recuerda

La aplicación correcta de este método no solo mantiene la pantalla en condiciones óptimas, sino que también prolonga su vida útil y reduce el coste de sustitución, que en el caso de pantallas de gran formato resulta muy elevado.

3. Maquinaria, utensilios y productos en la limpieza de pantallas de cine

La limpieza de pantallas de cine requiere una selección cuidadosa del equipamiento. Dado que se trata de superficies delicadas, los utensilios y productos deben estar diseñados para retirar la suciedad sin comprometer las propiedades ópticas del material.

Se distinguen tres grandes categorías de recursos empleados: maquinaria, utensilios manuales y productos específicos.

Para la primera categoría, la maquinaria más utilizada incluye:

- **Aspiradores con filtro HEPA.** Se emplean para retirar el polvo en suspensión.

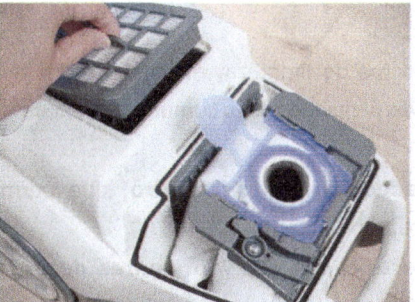

Fig. 3. Los aspiradores con filtro HEPA evitan que partículas microscópicas se redistribuyan en el ambiente

- **Equipos de acceso en altura.** En pantallas de gran formato se utilizan plataformas elevadoras o torres móviles que permiten al personal llegar de manera segura a la totalidad de la superficie.

- **Sistemas de proyección auxiliar.** En algunos cines se recurre a proyectores de prueba para detectar manchas o irregularidades durante la inspección postlimpieza.

En cuanto a los utensilios manuales, destacan aquellos que favorecen un contacto suave y controlado:

- **Paños de microfibra antiestática**, imprescindibles para evitar rayaduras y atrapar el polvo sin generar electricidad estática.
- **Esponjas de celulosa sin abrasivos**, útiles en limpiezas puntuales de manchas.
- **Brochas de cerdas suaves**, especialmente diseñadas para retirar partículas acumuladas en los bordes y uniones de la pantalla.
- **Guantes de algodón** para manipular la superficie sin dejar huellas.

Ejemplo

En la limpieza de una pantalla de cine de tamaño medio (12 metros de ancho), se combinan paños de microfibra en las zonas accesibles con brochas suaves para esquinas y bordes, mientras un operario en plataforma elevadora repite el procedimiento en la parte superior.

Respecto a los productos de limpieza, es fundamental que sean neutros y libres de componentes abrasivos. Entre los más comunes se encuentran:

- **Soluciones acuosas con pH neutro**, que permiten eliminar manchas sin deteriorar la capa reflectante.
- **Productos certificados por fabricantes de pantallas**, recomendados para casos en los que se requiere una limpieza intensiva.
- **Pulverizadores de baja presión**, empleados únicamente sobre los paños, nunca directamente sobre la pantalla.
- **Toallitas especiales antiestáticas**, útiles para limpiezas rápidas en pequeñas áreas.

Para visualizar mejor la correspondencia entre el recurso y su finalidad, se puede organizar de la siguiente manera:

Tipo de recurso	Ejemplo	Función principal
Maquinaria	Aspirador HEPA	Retirar polvo superficial sin redistribuir partículas
Utensilios manuales	Paño de microfibra	Eliminar polvo y suciedad sin rayar
Utensilios manuales	Brocha de cerdas suaves	Acceder a bordes y uniones delicadas
Productos	Solución acuosa neutra	Desincrustar manchas puntuales
Productos	Toallitas antiestáticas	Limpieza rápida en áreas reducidas

El uso adecuado de esta combinación de maquinaria, utensilios y productos garantiza no solo una limpieza eficaz, sino también el mantenimiento de la reflectancia uniforme, la vida útil prolongada de la pantalla y, en definitiva, la calidad de la proyección cinematográfica.

Resumen

La limpieza de pantallas de cine constituye un aspecto fundamental para mantener la calidad de las proyecciones. Una pantalla sucia, con polvo o manchas, provoca pérdida de nitidez, disminución del contraste y aparición de irregularidades visuales que afectan a la experiencia del espectador. Además, el descuido en el mantenimiento acelera el deterioro del recubrimiento reflectante, reduciendo la vida útil del material y encareciendo su sustitución.

El método de limpieza recomendado se desarrolla en fases ordenadas que van desde la inspección visual inicial hasta la verificación final con el proyector encendido. El proceso comienza con la retirada de polvo superficial mediante aspiradores con filtro HEPA o paños de microfibra antiestática, lo que evita que las partículas se incrusten durante la limpieza húmeda. En caso de manchas, se aplican soluciones acuosas de pH neutro sobre un paño o esponja, nunca de manera directa sobre la superficie. Posteriormente, se realizan movimientos suaves y controlados para eliminar la suciedad localizada, seguidos de un secado inmediato para impedir marcas de humedad.

El equipamiento específico desempeña un papel clave en este procedimiento. Entre la maquinaria más utilizada se encuentran los aspiradores con filtros de alta eficiencia y las plataformas elevadoras, necesarias en pantallas de gran formato. Los utensilios manuales, como paños de microfibra, brochas de cerdas suaves o guantes de algodón, permiten una limpieza cuidadosa sin dañar la superficie. En cuanto a los productos, deben ser siempre neutros, libres de abrasivos y, en casos de limpiezas intensivas, certificados por los fabricantes de pantallas.

En definitiva, la combinación de técnicas adecuadas, utensilios apropiados y productos específicos garantiza que la pantalla conserve su reflectancia uniforme y prolongue su durabilidad. Con ello, se asegura una proyección nítida y de calidad, además de un mantenimiento preventivo que evita costes elevados de reparación o sustitución en instalaciones cinematográficas.

Glosario

Brocha de cerdas suaves

Herramienta manual que permite retirar polvo o residuos de zonas sensibles como bordes y uniones de la pantalla.

Certificación de productos

Aval proporcionado por los fabricantes de pantallas que garantiza que un determinado limpiador es seguro y eficaz para ese material específico.

Guantes de algodón

Complemento de protección personal que se utiliza para manipular la pantalla evitando huellas, grasa o marcas de contacto.

HEPA (High Efficiency Particulate Air)

Filtro de alta eficiencia utilizado en aspiradores que retiene partículas microscópicas de polvo, evitando que se redistribuyan en el aire.

Paño de microfibra antiestática

Utensilio textil que atrapa el polvo sin rayar la superficie y reduce la generación de electricidad estática, lo que evita que nuevas partículas se adhieran.

Proyección de prueba

Uso del proyector tras la limpieza para comprobar la uniformidad de la imagen y la ausencia de manchas visibles.

Pulverización indirecta

Técnica que consiste en aplicar el producto de limpieza sobre el paño o la esponja y no directamente sobre la pantalla, evitando saturación y marcas.

Reflectancia

Propiedad de la pantalla que permite reflejar la luz del proyector hacia el público de manera uniforme, garantizando nitidez y contraste en la imagen.

Secado inmediato

Paso final del proceso de limpieza húmeda, realizado con un paño seco, que previene la aparición de cercos y manchas de agua.

Solución acuosa de pH neutro

Mezcla líquida sin componentes ácidos ni alcalinos que se utiliza para limpiar manchas en pantallas sin dañar el revestimiento superficial.

Ejercicios de autoevaluación

1. ¿Por qué es importante la limpieza de pantallas de cine?

    a. Porque evita que el polvo se acumule en el suelo.

    b. Porque mejora la estética de la sala únicamente.

    c. Porque garantiza la calidad de la proyección y prolonga la vida útil de la pantalla.

    d. Porque reduce el consumo energético del proyector.

2. Una pantalla con manchas visibles durante la proyección provoca:

    a. Una mejora en la luminosidad de la imagen.

    b. Distracciones visuales y pérdida de realismo.

    c. Un aumento del contraste general.

    d. Una mayor durabilidad de la superficie.

3. El primer paso antes de limpiar una pantalla de cine es:

    a. Aplicar directamente el producto de limpieza.

    b. Realizar una inspección visual previa.

    c. Encender el proyector para iluminar la sala.

    d. Aspirar sin revisar el estado general.

4. ¿Qué herramienta es más adecuada para retirar polvo superficial?

    a. Paño de microfibra antiestática.

    b. Cepillo metálico.

    c. Esponja abrasiva.

    d. Estropajo de lana de acero.

5. ¿Qué tipo de aspirador se recomienda para pantallas de cine?

a. De agua a presión.

b. De cepillo rotatorio.

c. Convencional sin filtros.

d. Con filtro HEPA.

6. ¿Qué acción está prohibida al limpiar pantallas de cine?

a. Pasar un paño seco tras la limpieza.

b. Pulverizar el producto directamente sobre la pantalla.

c. Usar movimientos uniformes de arriba abajo.

d. Revisar la proyección al finalizar.

7. El secado inmediato tras una limpieza húmeda es importante porque:

a. Evita marcas de humedad y residuos visibles.

b. Aumenta la reflectancia del material.

c. Mejora la absorción de los productos aplicados.

d. Reduce el tiempo total de limpieza.

8. ¿Cuál es la consecuencia de frotar en exceso una mancha?

a. Una mejora en la uniformidad de la superficie.

b. La pérdida de textura y deterioro del recubrimiento.

c. Una limpieza más rápida y eficaz.

d. Una reducción de la electricidad estática.

9. **¿Qué utensilio se emplea para limpiar zonas de difícil acceso como bordes y uniones?**

   a. Estropajo verde.
   b. Brocha de cerdas suaves.
   c. Esponja abrasiva.
   d. Cepillo de alambre.

10. **¿Qué característica deben tener las soluciones de limpieza para pantallas?**

   a. Un pH muy ácido.
   b. Un alto contenido en alcohol.
   c. Gran cantidad de espuma para arrastrar la suciedad.
   d. pH neutro y ausencia de componentes abrasivos.

U. A. 8. Limpieza de pantallas de cine

- 142 -

Aplicaciones prácticas

Aplicación práctica 1. Selección del método adecuado para limpiar falsos techos

U. A. 2. Limpieza de falsos techos

Una empresa de limpieza recibe el encargo de realizar el mantenimiento de falsos techos en distintos entornos. El supervisor debe decidir el procedimiento correcto según el material, el nivel de suciedad y las condiciones del lugar. A continuación, se presentan tres escenarios:

Escenario 1: Oficina corporativa

El techo es registrable, formado por placas de fibra mineral. La suciedad detectada es polvo acumulado, sin manchas visibles.

Opciones:

    a. Aplicar desengrasante neutro con esponja húmeda.

    b. Retirar el polvo con un aspirador industrial con filtro HEPA.

    c. Lavar con agua abundante y detergente.

Escenario 2: Cocina industrial

El falso techo es metálico, cercano a las salidas de aire. Se observa acumulación de grasa persistente.

Opciones:

    a. Aspirar en seco con boquilla de cepillo.

    b. Aplicar desengrasante neutro y retirar con paño húmedo.

    c. Usar esponja abrasiva con cloro.

Escenario 3: Hospital

El falso techo está compuesto de placas vinílicas (PVC). El objetivo principal es garantizar la higiene y desinfección.

Opciones:

a. Limpiar con paños humedecidos en detergente neutro o desinfectante suave.

b. Lavar con agua abundante a presión.

c. Aplicar productos con base de amoníaco para mayor desinfección.

Aplicación práctica 2. Evaluación de problemas en la limpieza de toldos

U. A. 4. Limpieza de toldos

Una empresa de limpieza recibe un contrato para el mantenimiento de diferentes toldos en un conjunto de locales comerciales. El supervisor detecta diversos problemas y debe planificar las acciones correctivas más adecuadas. Completa la tabla con las propuestas de mejora según lo estudiado en la unidad.

Elemento a evaluar	Situación actual observada	Propuesta de mejora
Lona de toldo acrílico	Manchas de moho en los pliegues.	
Estructura metálica	Acumulación de grasa y polvo en los brazos articulados.	
Toldos verticales	Parte inferior con restos de barro y polen.	
Toldos fijos en fachada	Lona con aspecto apagado y suciedad incrustada por contaminación urbana.	
Sistema motorizado	Restos de agua en la zona del motor tras una limpieza previa.	

Aplicación práctica 3. Errores en la limpieza de superficies metálicas

U. A. 6. Limpieza de superficies metálicas

Un equipo de operarios realiza la limpieza en diferentes superficies metálicas de un edificio público. Tras la intervención, el supervisor detecta varios errores que comprometen la calidad del servicio y la conservación de los materiales. Identifica cada error y propón la corrección adecuada:

- En las barandillas de acero inoxidable, se utilizaron estropajos metálicos para retirar manchas.
- En las puertas de aluminio, se aplicó un limpiador con base de ácido clorhídrico.
- En las rejas de hierro forjado, no se eliminó el óxido antes de aplicar la pintura antioxidante.
- En los pomos de latón, se utilizó una lija de grano grueso para recuperar el brillo.
- En vigas metálicas expuestas en exteriores, se empleó una hidrolimpiadora a máxima presión, desprendiendo parte del recubrimiento protector.

Aplicación práctica 4. Plan de actuación en la limpieza de equipos ofimáticos

U. A. 7. Limpieza de aparatos informáticos

Una empresa de servicios recibe el encargo de mantener en condiciones óptimas el aula de informática de un centro de formación, que cuenta con 30 ordenadores, 30 teclados, 30 ratones y 2 impresoras multifunción. El contrato especifica que la limpieza debe realizarse de forma mensual, asegurando tanto la higiene como la seguridad de los equipos.

El responsable debe elaborar un plan de actuación teniendo en cuenta las siguientes situaciones:

- **Teclados y ratones compartidos:** acumulan polvo, restos de comida y huellas visibles de uso.
- **Pantallas LCD:** algunas presentan manchas de dedos y trazos realizados por error con rotuladores.
- **Impresoras multifunción:** los rodillos de arrastre muestran restos de polvo de papel y las bandejas tienen manchas de tóner.
- **Unidades centrales:** los ventiladores expulsan aire con abundante polvo, lo que indica obstrucción interna.

Diseña las acciones concretas que debe aplicar el equipo de limpieza en cada caso, señalando método, productos y precauciones.

Ejercicio de evaluación final

1. ¿Qué productos se recomiendan en limpiezas intensivas?

    a. Productos certificados por los fabricantes de pantallas.

    b. Detergentes domésticos comunes.

    c. Ambientadores de sala.

    d. Geles multiusos para superficies metálicas.

2. El uso de guantes de algodón durante la limpieza tiene como finalidad:

    a. Mejorar el agarre de los utensilios.

    b. Evitar huellas y manchas de grasa en la pantalla.

    c. Aumentar la velocidad del trabajo.

    d. Proteger de cortes por herramientas.

3. ¿Qué comprobación final se realiza tras la limpieza de la pantalla?

    a. Medir la temperatura ambiental.

    b. Encender el sistema de sonido.

    c. Revisar los asientos de la sala.

    d. Encender el proyector para verificar la uniformidad de la imagen.

4. ¿Qué riesgo existe si se utiliza un compresor de aire con humedad en los equipos?

    a. Disminuir el brillo de la pantalla.

    b. Provocar corrosión o cortocircuitos.

    c. Atraer más polvo.

    d. Ensuciar las carcasas externas.

5. ¿Qué producto resulta adecuado para higienizar teclados y ratones compartidos?

a. Limpiadores de cristales.

b. Agua con jabón común.

c. Toallitas desinfectantes con bajo contenido en alcohol.

d. Cera protectora de plásticos.

6. ¿Qué beneficio directo obtiene la empresa al mantener sus equipos ofimáticos limpios?

a. Menor necesidad de iluminación artificial.

b. Ahorro en costes de reparación y sustitución.

c. Reducción del consumo de tinta.

d. Eliminación del mantenimiento técnico.

7. ¿Qué equipo especializado resulta idóneo para piezas metálicas pequeñas y complejas, como engranajes?

a. Sistema de ultrasonidos.

b. Cabina de chorreado con arena.

c. Lijadora orbital.

d. Taladro con cepillo adaptado.

8. ¿Qué precaución debe tenerse al usar hidrolimpiadoras en metales pintados?

a. No aplicar agua.

b. Usar la máxima presión posible.

c. Regular la presión para no desprender la pintura.

d. Evitar el secado posterior.

9. **¿Qué recurso suele emplearse antes de aplicar un tratamiento anticorrosivo en vigas metálicas de naves industriales?**

   a. Paño húmedo.
   b. Proyección de partículas con arena.
   c. Cepillo de cerdas naturales.
   d. Pulido manual con microfibra.

10. **¿Qué ventaja ofrecen las bayetas de microfibra en la limpieza de paredes?**

    a. Requieren menos detergente ácido.
    b. Atrapan mejor el polvo y evitan rayaduras.
    c. Son desechables después de un solo uso.
    d. Funcionan únicamente en paredes cerámicas.

11. **¿Qué tipo de limpieza se recomienda para un despacho con paredes de papel pintado?**

    a. Limpieza semanal con agua caliente.
    b. Limpieza diaria con productos desinfectantes.
    c. Limpieza mensual con hidrolimpiadora de baja presión.
    d. Limpieza ocasional con métodos en seco.

12. **¿Qué técnica especializada se aplica en restauración de fachadas de piedra o ladrillo?**

    a. Limpieza con detergente neutro y bayeta.
    b. Fregado con esponja húmeda.
    c. Microchorro de arena o bicarbonato.
    d. Lavado a presión con agua hirviendo.

13.¿Qué equipo permite eliminar manchas difíciles reduciendo el uso de productos químicos?

    a. Equipo de vapor.

    b. Aspirador de polvo.

    c. Compresor de aire.

    d. Escalera de mano.

14.¿Qué utensilio facilita la limpieza de zonas altas sin necesidad de escalera?

    a. Esponja de mano.

    b. Mango telescópico.

    c. Paño de microfibra.

    d. Cepillo de acero.

15.¿Qué tipo de toldo necesita limpiezas más frecuentes por estar expuesto permanentemente?

    a. Toldo vertical.

    b. Toldo fijo.

    c. Toldo corredero.

    d. Toldo capota.

16.¿Qué tipo de solución se recomienda utilizar en equipos de ultrasonidos?

    a. Disolventes clorados.

    b. Aceites minerales.

    c. Agua sin aditivos.

    d. Soluciones específicas con tensioactivos suaves.

17.¿Cuál de las siguientes es una medida de seguridad al usar equipos de ultrasonidos?

a. Introducir las manos en la cubeta durante el funcionamiento.

b. Utilizar guantes y gafas de protección.

c. Evitar el enjuague posterior de las piezas.

d. Trabajar sin ventilación en el área.

18.¿Qué ventaja obtiene un taller al incorporar equipos de ultrasonidos?

a. Mayor tiempo de limpieza manual.

b. Aumento del desgaste en las piezas.

c. Reducción del tiempo de trabajo y resultados más uniformes.

d. Sustitución total de la esterilización posterior.

19.¿Qué beneficio adicional puede aportar la limpieza de falsos techos a nivel energético?

a. Reducir el consumo eléctrico gracias a una mejor reflexión de la luz.

b. Aumentar la potencia de los equipos de climatización.

c. Disminuir la necesidad de calefacción en invierno.

d. Mejorar la absorción acústica de la sala.

20.¿Qué elemento de seguridad es fundamental al limpiar falsos techos en grandes superficies?

a. Usar mopas telescópicas de algodón.

b. Trabajar siempre con escaleras inestables.

c. Emplear plataformas elevadoras o andamios móviles.

d. Realizar el trabajo sin equipo de protección.

Solucionario

U. A. 1. Servicios especiales en el sector de la limpieza

1. c	**6.** a
2. b	**7.** c
3. c	**8.** b
4. c	**9.** d
5. b	**10.** a

U. A. 2. Limpieza de falsos techos

1. b	**6.** d
2. c	**7.** b
3. b	**8.** b
4. a	**9.** b
5. c	**10.** c

U. A. 3. Limpieza por ultrasonidos

1. b	**6.** b
2. b	**7.** d
3. c	**8.** c
4. b	**9.** a
5. c	**10.** b

U. A. 4. Limpieza de toldos

1. b	**6.** c
2. c	**7.** d
3. a	**8.** b
4. b	**9.** a
5. c	**10.** b

U. A. 5. Limpieza de paredes

1. d	**6.** d
2. b	**7.** a
3. c	**8.** b
4. c	**9.** b
5. b	**10.** a

U. A. 6. Limpieza de superficies metálicas

1. a	**6.** c
2. b	**7.** a
3. c	**8.** d
4. b	**9.** d
5. b	**10.** b

U. A. 7. Limpieza de aparatos informáticos

1. b		**6.** a
2. a		**7.** c
3. c		**8.** b
4. b		**9.** d
5. c		**10.** a

U. A. 8. Limpieza de pantallas de cine

1. c		**6.** b
2. b		**7.** a
3. b		**8.** b
4. a		**9.** b
5. d		**10.** d

Bibliografía

Webgrafía

Cómo limpiar paredes fácilmente
https://www.leroymerlin.es/ideas-y-consejos/paso-a-paso/como-limpiar-paredes-facilmente.html

Como realizar una correcta limpieza de falsos techos desmontables
https://www.quimforsystems.com/como-realizar-una-correcta-limpieza-de-falsos-techos-desmontables-instrucciones-para-la-limpieza-o-restauracion-de-falsos-techos-desmontables/

Limpiar los ordenadores de la oficina
https://www.revistalimpiezas.es/actualidad/desinfeccion-actualidad/sabes-como-limpiar-los-ordenadores-de-tu-oficina_20230724.html

Limpieza de los falsos techos
https://casalium.es/blog/limpieza-de-los-falsos-techos/

Limpieza de pantallas de proyección y búsqueda de las mejores opciones
https://es.elitescreens.eu/blogs/how-to/cleaning-projection-screens-and-finding-the-best-options

Limpieza y mantenimiento de toldos, consejos para su cuidado
https://www.solstore.es/limpieza-y-mantenimiento-de-toldos-consejos-para-su-cuidado/

Preparación y limpieza de superficies metálicas en pintura
https://www.bernardoecenarro.com/es/besa-lab/preparacion-de-superficies-metalicas-en-pintura/

Recomendaciones para limpiar los equipos informáticos
https://papelmatic.com/blog/recomendaciones-para-limpiar-los-equipos-informaticos/

¿Qué debemos hacer para limpiar falsos techos?

https://serlim.net/servicio-de-limpieza-de-falsos-techos/

¿Qué es la limpieza por ultrasonidos y cómo funciona?

https://www.b-autoclave.es/pages/que-es-la-limpieza-por-ultrasonidos-y-como-funciona

¿Qué máquinas se utilizan en la limpieza industrial?

https://www.limpiezasabando.com/blog/que-maquinas-se-utilizan-en-la-limpieza-industrial/

Un toldo brillante en 5 pasos

https://hg.eu/es/consejos/limpieza-de-toldos-lonas-y-carpas